DROEMER

DAVID SPENCER

ALLES BIO – LOGISCH?!

Die Superkräfte der Pflanzen nutzen,
klimafreundliches Gemüse essen
und die Welt retten

DROEMER

Besuchen Sie uns im Internet:
www.droemer.de

Aus Verantwortung für die Umwelt hat sich die Verlagsgruppe Droemer Knaur zu einer nachhaltigen Buchproduktion verpflichtet. Der bewusste Umgang mit unseren Ressourcen, der Schutz unseres Klimas und der Natur gehören zu unseren obersten Unternehmenszielen. Gemeinsam mit unseren Partnern und Lieferanten setzen wir uns für eine klimaneutrale Buchproduktion ein, die den Erwerb von Klimazertifikaten zur Kompensation des CO_2-Ausstoßes einschließt.
Weitere Informationen finden Sie unter:
www.klimaneutralerverlag.de

Dieses Buch ist klimaneutral produziert.

Originalausgabe April 2022

Redaktion: Sabine Wünsch
Covergestaltung: buxdesign | Lisa Höfner
Coverabbildung: © privat
Satz: Adobe InDesign im Verlag
Druck und Bindung: CPI books GmbH, Leck
ISBN 978-3-426-27879-6

2 4 5 3 1

Für Linda

Inhalt

»Sachbuch«

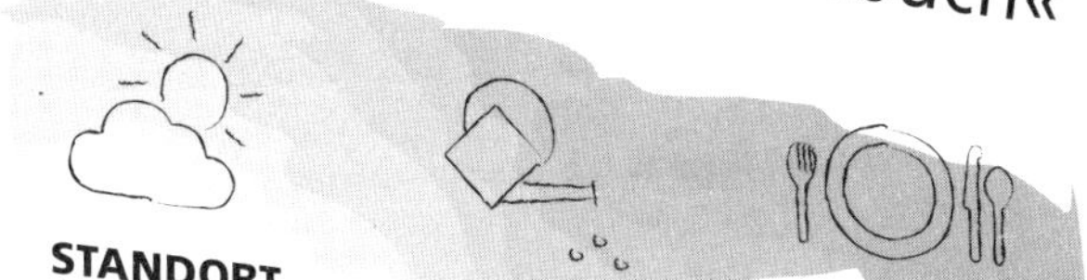

STANDORT
halbschattig
(ist besser für die Haut)

PFLEGE
mäßig begießen
(mit dem Drink deiner Wahl)

ERNTE
ganzjährig
(die Früchte der Erkenntnis)

Anwendungshinweise. In diesem Buch findest du nicht nur Antworten auf die Fragen zum Pflanzen-Basiswissen, sondern auch die Lieblingsrezepte des Autors. Am Anfang jedes Kapitels werden die benötigten Zutaten aufgelistet. Wie du diese zubereitest – und was das alles mit Pflanzenforschung zu tun hat –, erfährst du beim Weiterlesen. Denn nur durch aufmerksame Lektüre gelingen die Gerichte – und du beschäftigst dich ganz beiläufig mit der Wissenschaft hinter deinem pflanzenbasierten Speiseplan.

Guten Appetit und krautige Grüße

DS

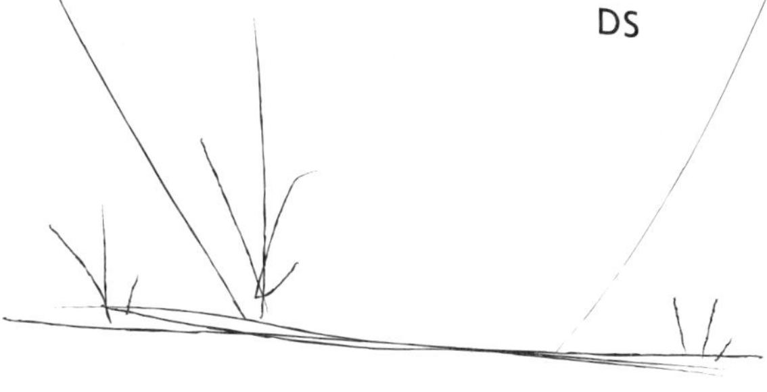

Vorwort

Pflanzen sind sessile Organismen. Das ist nicht nur der erste Satz in Hunderten von Abschlussarbeiten in der Biologie, sondern klingt auch schlauer, als es vielleicht ist. Der lateinische Ausdruck *sessilis* (»festsitzend«, »zum Sitzen geeignet«) deutet auf das, was uns wohl allen klar ist: Unsere grünen Freunde haben Wurzeln, sitzen fest, rühren sich nicht von der Stelle. Stell es dir einfach mal vor: Ein Mensch steht mitten auf einem großen Feld und kann nicht weglaufen. Zur besseren Visualisierung könnten die Füße in einem Betonblock stecken. Was macht Mensch dann? Na klar, aufs Smartphone schauen, ist ja sonst langweilig. Aber was, wenn der Akku plötzlich leer ist? Sie oder er beginnt die Umgebung intensiver wahrzunehmen. Die Sonne scheint vielleicht besonders heiß an diesem Tag. Vielleicht zieht aber auch ein Gewitter auf und Mensch steht im Regen. Irgendwann müffelt es mangels Körperhygiene, die Tiere fühlen sich angesprochen und krabbeln und surren und kneifen an den Beinen. Kleine Tiere locken große Tiere an – jetzt wird's langsam unheimlich. Nach einiger Zeit machen sich nicht nur Hunger und Durst bemerkbar. Pilzgeflechte wachsen über die Füße und breiten ihre Fäden über den ganzen Körper aus …

Wahrscheinlich ist mein Punkt klar geworden: Unsere Pflanzen sind diesen Umweltfaktoren permanent ausgeliefert. Sie stehen vermeintlich schutzlos auf dem Acker oder im Garten und erdulden all diese Unannehmlichkeiten – jeden Tag, vierundzwanzig Stunden, ihr ganzes Leben lang auf ein und demselben Stückchen Erde. Und nach ein paar Monaten geben sie uns als Dank für die Strapazen nicht etwa einen Giftcocktail, sondern süße und gesunde Früchte. Wieso? Das haben wir in erster Linie der Evolution zu verdanken, im Zuge derer unsere krautigen Freunde die abgefahrensten Fähigkeiten entwickelt haben: Je nach Wetterlage können sie ihren eigenen Wasserhaushalt regulieren, indem sie kleine Lüftungen in ihren Blättern aktiv öffnen oder schließen. Gegen die Verdunstung cremen sie sich von oben bis unten mit einer Wachsschicht ein. Schädliche UV-Strahlung wehren sie mit selbst gebauten Filtern ab, während sie den Rest der Sonnenenergie nutzen, um aus Luft, Licht, Wasser und Liebe Zucker herzustellen. Fraßfeinde und Pilze können durch komplexe *Phytochemikalien,* also selbst gemachte Abwehrstoffe, in Schach gehalten werden.

Gleichzeitig produzieren Pflanzen Lockstoffe, um Bestäuber*innen in der Nähe durch Duft- und Farbkreationen zu umgarnen. Und wenn gar nichts mehr geht, rufen sie sogar um Hilfe: Pflanzen sind in der Lage miteinander und über Artgrenzen hinweg zu kommunizieren, Warnrufe auszusenden und beflügelte Verbündete zu rekrutieren. All das bewerkstelligen sie jeden Tag, bei Normaldruck und -temperatur und ohne große Mühe. Das geht schon seit Tausenden von Jahren so, und es könnte wohl für immer so weitergehen.

Wäre da nicht das mit der Klimakrise. Klar, Pflanzen können sich relativ gut an die unterschiedlichsten Bedingungen anpassen. Sie wachsen an den erstaunlichsten Orten – von der Balkonfliesenritze bis zum Polarkreis, von der Wüste bis zum Parkhaus. Aber mit solch einem rapiden Wandel, mit einer solchen *Beschleunigung* der Umweltveränderungen kommen selbst die Meisterinnen der Anpassung nicht mehr klar. Die Umweltfaktoren verändern sich einfach zu schnell. Wetterextreme und Katastrophen häufen sich, und lokale sowie globale Temperaturmaxima werden verzeichnet. Die Folgen: Dürre, erhöhter Schädlingsbefall, Missernten. Überall auf der Welt beobachten wir die Auswirkungen der atmosphärischen Erwärmung und knacken kontinuierlich die Temperaturrekorde. Die Biodiversität – also die bunte Vielfalt aller Tiere *und* Pflan zen – geht weltweit zurück.

Zweifellos direkt betroffen ist in unseren Breitengraden die Gemeinschaft der Landwirtinnen und Landwirte. Diese Berufsgruppe bekommt die Auswirkungen des Klimawandels wohl am stärksten zu spüren. Was aber kann man tun? Aufwendig beregnen bei Trockenheit? Viel zu teuer. Mehr Insektizide ausbringen bei Befall? Nicht wünschenswert. Weizen und Mais durch Palmen und Ananas ersetzen? So weit ist es (zum Glück) noch nicht gekommen. Außerdem lassen sich Kulturpflanzen nicht so einfach transplantieren, da sie regional an recht spezielle Bodeneigenschaften angepasst sind.

Diese Anpassungen lassen sich ganz gut untersuchen und gegebenenfalls sogar abkupfern. Unsere heimischen Pflanzen könnten Nachhilfe von Verwandten in Italien, China oder Argentinien bekommen. Sie könnten sich ge-

genseitig etwas beibringen und ihre Tricks verraten, mit denen sie bisher im jeweiligen Heimatland gut gefahren sind.

Und genau hier kommt die Pflanzenforschung ins Spiel: Wir verstehen heute dank Fortschritt von Wissenschaft und Technik so viel von unseren Pflanzen und ihrer Beziehung zur Umwelt wie noch nie. Wir haben erkannt, dass wir in der Züchtungsgeschichte nicht nur tolle und gesunde Früchte hervorgebracht, sondern auch wichtige Fähigkeiten unserer Pflanzen verloren – regelrecht *weggezüchtet* – haben. Heute schauen Forschende zurück und können nachvollziehen, wie zum Beispiel der Weizen entstanden ist, aber auch, warum er so oft von Pilzkrankheiten befallen wird.

Um die Biologie dahinter zu durchblicken, brauchte es nicht nur ein intensives Naturstudium, sondern auch die molekularen Werkzeuge, die wir erst heute zur Verfügung haben. Heute können wir ganze Genome in wenigen Stunden sequenzieren, Defekte im Erbgut am Computer sekundenschnell identifizieren und mit Genscheren beheben. Kombiniert mit altem Wissen und genauer Beobachtung sind es eben diese Werkzeuge, die vielleicht genau jetzt nützlich werden. Vielleicht können sie uns helfen, unsere Ernten zu sichern. Vielleicht können sie den Meisterinnen der Anpassung ihre verlorenen Fähigkeiten zurückbringen. Vielleicht haben wir mit ihnen sogar endlich die Chance, Nachhaltigkeit auf dem Acker zu messen und die richtigen Schrauben im Kampf gegen den Klimawandel zu drehen. Als Biologe weiß ich: Darin steckt großes Potenzial! Und mehr noch: Je mehr wir alle vom Leben der Pflanzen verstehen, desto mehr lernen wir sie schätzen und nehmen von ihrer sessilen, fast meditativen Art sogar noch etwas für unsere eigene Lebensweise mit.

Dieses Buch soll mehr sein als eine Sammlung von Funfacts. Es erzählt Geschichten aus der wundersamen Welt der Pflanzenforschung, die mal erstaunlich, mal verrückt erscheinen. Manche sind einfach nur absurd, während andere revolutionär und wegweisend sein können. Insgesamt wurde es in der Hoffnung verfasst, dass nicht nur die Begeisterung für das Krautige herüberschwappt. Es wurde auch als Aufschlag für kreatives Weiterdenken geschrieben:

- Wie können wir von der Lebensweise der Pflanzen lernen, um unsere eigene Welt besser zu machen?
- Welche Mechanismen, die wir vielleicht erst jetzt so langsam begreifen, können wir der Natur abgucken?
- Wie können uns Pflanzen dabei helfen, wissenschaftlich fundiert in eine Zukunft zu steuern, die sowohl ökologisch als auch ökonomisch und sozial nachhaltig ist?

Die Antworten befinden sich irgendwo da draußen und warten nur darauf, entdeckt und erforscht zu werden. Dazu muss man weder an der Uni studieren noch komplizierte Bücher wälzen: Wir alle können Pflanzenforscher*innen sein, wenn wir nur genau hinschauen. Der bewusste Kauf und Verzehr von Gemüse und Obst ist schon mal ein guter erster Schritt. Möglicherweise ist damit aber noch nicht genug getan. Fangen wir am besten vorn an – nämlich dort, wo wir Pflanzen (und ihren Fähigkeiten) im Alltag begegnen.

KAPITEL 1
Alles nur in meinem Topf

Über unsere täglichen Begegnungen mit Pflanzen und Pflanzenprodukten

Zutaten Süßkartoffelcurry
600 g Süßkartoffeln
400 g Tomaten
200 g Brokkoli
2 Zwiebeln
3 Knoblauchzehen
1 EL Ingwer, gerieben
1 Dose Kichererbsen
1 Dose Kokosmilch
Koriandergrün (optional)
Olivenöl
indische Gewürze nach Gusto
(Kreuzkümmel, Kurkuma, Chiliflocken …)

Die wahrscheinlich tragischste Begegnung zwischen Mensch und Pflanze ereignet sich womöglich tagtäglich und millionenfach, wenn irgendwo in Deutschland ein Kühlschrank geöffnet und das Gemüsefach inspiziert wird. Meist findet sich dort ein kümmerliches Bündel labbriger Lauchzwiebeln, ein Haufen Petersilienstängel und eine matschige Paprika, die von der Zucchini eins auf den Deckel bekommen hat. Genervt versuchen wir, die vertretbaren Stücke zu retten, und fragen uns, wieso die Radieschen eigentlich genau einen Tag lang schön aussehen und warum man scheinbar nur an ungarischen Feiertagen mit der richtigen Mond-Sterne-Konstellation und nach einer Opfergabe an eine unbekannte Gottheit reife Avocados bekommt. Der blöde Basilikumstrauch auf dem Tisch sah auch schon mal besser aus. Außerdem hat es sich eine Großfamilie von kleinen, nervigen Fliegen in seinem Topf bequem gemacht. Nächstes Mal gibt es einfach wieder Pesto aus dem Glas.

Während also die Süßkartoffel für das heutige Curry fach- und mundgerecht zu Würfeln verarbeitet wird, lassen wir uns gedankenverloren von einer Dokumentation im Fernsehen berieseln. Zufälligerweise geht es auch darin um Süßkartoffeln, sie werden vor allem in China, Südafrika und den USA produziert. Warum eigentlich nicht hier? Hm, es sind wohl sehr wärmeliebende Pflanzen, die gar nicht wirklich mit den normalen Kartoffeln verwandt sind, sondern zu den Windengewächsen zählen. Interessant. Sie sehen oberirdisch ein bisschen aus wie Efeu, wachsen eher kriechend und bedecken den Boden mit ihrem Blattwerk. Unter der Erde bilden sich die sogenannten Speicherwurzeln, die wir kennen und kaufen, in denen das Gewächs Kohlenhydrate für schlechte Zeiten einlagert.

Noch interessanter wird es, als die säuselnde Stimme der Erzählerin etwas über die Genetik der Süßkartoffel verrät: Scheinbar wurde in unabhängigen wissenschaftlichen Studien gezeigt, dass *Ipomoea batatas,* so der lateinische Name, artfremde Gene enthält, die von Bakterien stammen.[1] Ob das schlimm sei? Eher nicht, immerhin konsumieren wir das Gemüse schon eine geraume Zeit ohne Nebenwirkungen. Ob der Mensch diese Gene eingekreuzt habe? Auch das konnten die Studien verneinen, die Liaison von Kraut und Bazille ist evolutionsgeschichtlich wohl schon einige Tausend Jahre alt.

Was hier nun auf dem Schneidebrett in halbwegs gleichförmigen Quadern vor uns liegt, ist also im Grunde ein *GVO,* ein Gentechnisch Veränderter Organismus, per definitionem. Nur dass die Natur ganz von selbst darauf gekommen ist. Aha. Mal sehen, was auf den anderen Sendern läuft.

Ein Familienvater in Jerusalem erzählt gerade einem Reporter vom schwierigen Verhältnis zu seinem Bruder, der zum Arbeiten nach Deutschland gezogen war. Die Szene wird beim Familienessen gedreht, das wirkt authentischer. Die Mutter schenkt dem Fernsehteam Tee ein und serviert Brot und Hummus. Die Kichererbsen für den Hummus beziehen sie von einem befreundeten Bauern, sagt ihr Mann. Der mache auch die Sesampaste *Tahin* selbst, die für die Zubereitung der Spezialität überaus wichtig sei. Kichererbsen seien im Übrigen sehr pflegeleicht im Anbau, da sie wie Erbsen und Linsen zu den Leguminosen zählen und in Zusammenarbeit mit Bodenbakterien ihren eigenen Stickstoffdünger herstellen.[2] Da könne man Zeit und

Geld sparen. Bevor die Fernbedienung ein weiteres Mal erhoben wird, huscht ein schneller Blick zur Dose auf dem Küchentisch. Die aufgedruckten Kichererbsen grinsen zurück und scheinen zu flüstern: »Hättste nicht gedacht, wa?«

Seltsam, wo immer man auch hinschaltet, läuft Gemüse. Scheint ein großes Thema zu sein. Ein letzter Versuch, der Nachrichtenkanal. Ist hier vielleicht etwas anderes dabei? Irgendein Bundestagsmitglied fachsimpelt gerade über die Chancen und Risiken der neu verkündeten »Nationalen Bioökonomiestrategie« der Bundesregierung.[3] Das zweite Wort könnte man sich für die nächste Runde Scrabble merken, gibt bestimmt massig Punkte bei doppeltem Wortwert. Das Ziel der Politiker*innen, so heißt es, sei die Entwicklung eines Konzepts zur Reduktion des Ressourcenverbrauchs auf ein ökologisch verträgliches Maß. Dabei solle Deutschland seine Vorreiterposition in Sachen Bioökonomie (dieser mysteriöse Begriff wird in einem späteren Kapitel noch wichtig werden) weiter stärken und gleichzeitig eine Transformation der Wirtschaft unter verstärkter Nutzung nachwachsender Rohstoffe fördern – hin zu mehr Nachhaltigkeit für zukünftige Generationen.

Wow, was für Schlagwörter. Vielleicht etwas hoch gegriffen für ein Land, in dem noch immer mehr als die Hälfte aller Lebensmittel weggeworfen wird.

Zwiebeln und Knoblauch wandern fein gehackt in eine kleine Schüssel, das gewohnte Brennen und Tränen der Augen setzt ungefähr gleichzeitig ein. »Das liegt an den schwefelhaltigen Verbindungen in den Zellen der Zwiebel«, murmelt ein Professor mit britischem Akzent im nächsten Programm. »Diese werden erst dann freigesetzt, wenn das Gewebe verletzt wird und Enzym und Substrat zusammenkommen. Das dient zur Abwehr von Schädlingen.«[4] – Verdammt! Gibt es denn nirgendwo eine Schutzzone vor diesen Pflanzenfreaks?! Ah, gut, Werbung.

»Husten, Schnupfen, trockener Hals? Kaufen Sie jetzt Gingimed forte mit den wohltuenden Inhaltsstoffen des Ingwers mit erwiesener entzündungshemmender und antikarzinogener Wirkung!«[5]

Klick.

»… kommt hier Frage drei für dich, Joko: Was bezeichnet man als *Epiphyt*[6]? Ist es A: ein griechischer Dichter oder B: eine Pflanze, die auf anderen Pflanzen wächst, oder …«

Klick.

Die schwefligen Gemüsehäcksel werden kurz in heißem Öl angebraten, mit Ingwer und den Gewürzen vermischt und dann mit Kokosmilch abgelöscht. Alle restlichen Zutaten gesellen sich dazu und dürfen bei mittlerer Hitze in fünfzehn bis zwanzig Minuten durchgaren. Fertig ist das Curry! Moment, was sagt der »Experte« mit unnatürlich weißen Zähnen und Föhnfrisur da gerade?

»… hat unser Marktcheck ergeben, dass Bambuszahnbürsten nur bedingt nachhaltiger sind als herkömmliche Produkte, wenn sie nicht richtig weiterverwertet werden …«

Klick. Stille. Das war's, genug gelernt für heute. Das Curry schmeckt ganz gut.

Noch dabei? Okay, dann steigen wir mal ein.

In dieser fiktiven Küche (Gemüsefach plus Küchentisch) allein lassen sich über zehn verschiedene Pflanzenfamilien mit so schönen Namen wie *Solanaceae* (Nachtschattengewächse, zum Beispiel Paprika und Tomate), *Brassicaceae* (Kreuzblütler, etwa Radieschen und Brokkoli) oder *Convolvulaceae* (Windengewächse, beispielsweise Süßkartoffel) finden. Außerdem waren auch folgende anzutreffen: *Alliaceae* (Lauchgewächse, unter anderem Zwiebel und Knoblauch), *Zingiberaceae* (Ingwergewächse), *Fabaceae* (Hülsenfrüchtler, zum Beispiel Kichererbsen), *Arecaceae* (Palmengewächse, etwa Kokosnuss), *Apiaceae* (Doldenblütler, unter anderem Petersilie und Koriander), *Cucurbitaceae* (Kürbisgewächse, beispielsweise Zucchini), *Lamiaceae* (Lippenblütler wie Basilikum), *Lauraceae* (Lorbeergewächse, zu denen auch der Avocadobaum zählt). Abbildung 1 zeigt charakteristische Blütenmerkmale, anhand derer du die Pflanzenfamilien gut erkennen und identifizieren kannst.

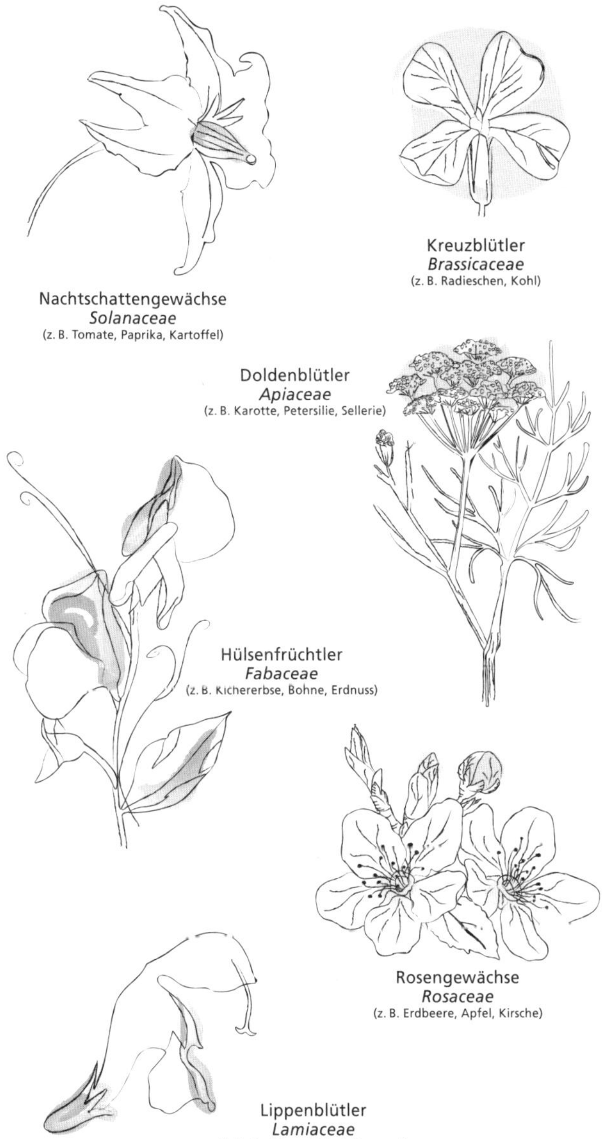

Abbildung 1: Sag's mir durch die Blume
Gemüse und Obst lassen sich in verschiedene Familien einteilen. Dabei sind es vor allem charakteristische Blütenmerkmale, die eine leichte Zuordnung möglich machen.

Sie fristen ein geheimes Dasein in unseren Kühlschränken und Vorratskammern. Sie leben mit uns in einer Wohngemeinschaft, bis sie entweder verderben oder doch verarbeitet werden. Sie verraten uns wenig von sich. Aber wenn wir fragen könnten, würde uns das Gemüse spannende Geschichten erzählen. Anekdoten aus seinem Leben, angefangen als kleiner Setzling irgendwo in Südafrika oder auf dem Betrieb in der Nähe. Wie es zum ersten Mal seine Keimblätter geöffnet und das Licht der Welt erblickt hat. Wie es das erste Mal den Fotosyntheseapparat in Gang warf, um Zucker zu produzieren. Wie es in einer Reihe von Gleichgesinnten Tag um Tag dem Wetter und den Plagegeistern trotzte – oder die Plane eines Folientunnels studierte. Wie es irgendwann auf eine Reise ging, erst in Kisten, dann auf Rädern und schließlich hoch hinaus und über große Ozeane. Dort ging es wieder über Straßen und Lagerhallen weiter, bis in einen merkwürdigen Ort namens Supermarkt. Hier traf es auf Verwandte in allen Formen und Farben, wurde von vielen Händen betatscht, geworfen, gequetscht und gewogen. Dann kam der Moment, als sich irgendjemand erbarmte und das Gemüse mit nach Hause nahm, wo endlich etwas Ruhe einkehrte. Am Ende verbrachte es ein paar Tage im angenehm kühlen Unterdeck unserer Küchenzeile und machte uns mit leicht vorwurfsvoller Gebärde deutlich, dass es nun an der Zeit wäre. *Ich bin nicht auf diese große Reise gegangen, um jetzt so zu enden,* scheint die labbrige Lauchzwiebel zu rufen.

Ähnlich ist es auch mit den Zimmerpflanzen, die wohl weniger als Lebewesen denn als Style-Element angesehen werden. Aber wer ahnt schon, was sich hinter Gummibaum, Yuccapalme und Orchidee verbirgt? Sie gehören in den Hintergrund jedes hippen Beauty-Kanals, werden als Raumlufterfrischer oder gar Giftstofffilter angepriesen, zu Geburtstagen und Umzügen verschenkt – aber wehe, sie bekommen Milben oder Fliegen! Das könnte sie ja als lebende Organismen entlarven, die im Verborgenen ihren ganz eigenen Kampf ums Überleben führen, still und heimlich, in der nur ein bisschen zu dunklen Ecke des Wohnzimmers. Dekoratives Grünzeug, ja, aber bitte nicht mit zu viel Eigenleben. Wir wollen keine Fliegen in der Bude, die sich in unseren Kuchenteig stürzen.

Dass aber die Vanilleschote, die in selbigem gelandet ist, aus einer solchen Zierpflanze gewonnen wurde, findet selten Anerkennung. *Vanilla planifolia* ist eine bemerkenswerte Pflanze aus der Familie der Orchideen, die eine beeindruckende Historie hat: Ursprünglich aus Mexiko stammend, galt die Gewürzvanille schon lange vor europäischem Kolonialgehabe als wertvolles Gut. Der Aztekenherrscher Itzcóatl soll von seinen Untergebenen im 15. Jahrhundert Tribut in Form von Vanille gefordert haben. Als dann Ableger der Orchideenart in die europäischen Gärtnereien kamen, merkte man schnell, dass zwei Dinge ungünstig waren: Erstens war das Klima ungeeignet für die Kultivierung dieser exotischen Pflanze. Zweitens funktionierte die Bestäubung nicht so richtig gut.

Heute ist bekannt, dass die Vanillepflanze nur durch einige bestimmte Kolibriarten und durch spezialisierte Bienen der Gattung *Melipona* bestäubt werden kann. Diese besondere Partnerschaft, die in Mexiko wunderbar funktioniert, war eben in Europa gar nicht möglich – das ist genau mein Humor, liebe Evolution! Das Problem mit der Klimaanpassung löste das damalige Vanillekartell durch eine Auslagerung der Produktion auf die Inseln des Indischen Ozeans. Noch heute werden über 80 Prozent der Vanilleschoten auf Madagaskar geerntet, und der Name Bourbon-Vanille erinnert an den alten Namen des Spitzenproduzenten La Réunion (ehemals *Île de Bourbon*). Nur Vanilleschoten, die aus Madagaskar, von den Komoren, Mauritius oder Réunion stammen, dürfen diesen renommierten Titel tragen.

Das Problem der Bestäubung ließ sich zunächst nicht wirklich lösen. Als dann aber im Jahr 1841 der zwölfjährige Sklave Edmond Albius eine manuelle Technik erfand, wurde Réunion quasi über Nacht zum größten Vanilleexporteur der Welt. Anstatt heimische Kolibris zu dressieren, erfolgt die Bestäubung der Orchideen heute noch größtenteils (und nach Albius' Vorbild) mit Stäbchen und Fingerfertigkeit.[7] Man kann also davon ausgehen, dass die Bestäubung von Hand sowie die aufwendige Produktion (die Schoten müssen nach der Ernte noch blanchiert, getrocknet und fermentiert werden, aber dazu später mehr) wohl die hauptsächlichen Gründe für den hohen Preis in unserer Backabteilung sind. Außerdem schwankt der Vanille-Preisindex deutlich im Zusammenhang mit Taifunen oder anderen Naturkatastrophen. Na ja, so viel zu einer *einzelnen* Art aus der Familie der Orchideen, von denen es »nur« etwa 30 000 da draußen gibt.

Das Basilikum *(Ocimum basilicum)* ist auch so ein verkanntes Genie. Mit seinen ätherischen Ölen, die man schon riecht, wenn man nur in die Nähe des Krauts kommt, will es uns eigentlich überhaupt nicht umgarnen. Auch wurde der betörende Duft von der Natur nicht so konzipiert, damit er perfekt zu Tomaten und Mozzarella passt. Vielmehr gibt es zahlreiche knabbernde Insekten, die von dem Geruch ganz und gar nicht angetan sind. Basilikumkraut gilt als biologischer Schädlingsbekämpfer und kann als sogenannter Mischkulturpartner bei der Kultivierung von Tomaten oder Paprikas dienen. Dabei wird es einfach in die freien Lücken gepflanzt, von wo aus es die Plagegeister auf Abstand hält. Das funktioniert übrigens auch mit anderen wohlriechenden Küchenkräutern. So können genauso Lavendel, Thymian, Salbei oder Oregano als Geheimwaffen gegen Blattlaus und Milbe verwendet werden.

Aber zurück zum Basilikum (oder *Königskraut,* wie es in vielen Kulturen genannt wurde): Wieso sieht es auf unserer Küchenzeile so schnell kümmerlich aus? Die meisten Discounter bieten uns das Kraut in kleinen Töpfen an. Und wenn man genau nachzählt, sind es meist bis zu zwanzig einzelne Pflanzen, die dort dicht gedrängt stehen. Sieht zwar schön aus, aber die Konkurrenz um Licht, Wasser und Nährstoffe ist enorm. Bricht man den Wurzelballen vorsichtig auf, vereinzelt die Pflanzen in vier bis sechs Töpfe mit frischer Gartenerde und stellt sie auf ein mehr oder weniger helles Fensterbrett, danken sie es einem mit kräftigem Wachstum und einer längeren Lebensdauer (generell gilt das Basilikum als einjähriges Kraut, es gibt aber auch einzelne Berichte von mehrjährigen, überwinterten Exemplaren).

Weitere Gründe für eine geringe Halbwertszeit des Küchenkrauts können Nährstoffmangel und Temperaturschwankungen sein. Auch ein laues Lüftchen tut dem Basilikum nicht schlecht. Tatsächlich wird bei der Anzucht einiger Kräuter die Fähigkeit zur *Thigmomorphogenese* (noch so ein Scrabble-Wort) ausgenutzt.[8] Durch die simple Berührung (griechisch *thigmo*) der Pflanze durch Wind, Regen, Hindernisse oder benachbarte Artgenossen kann die Wuchsform (*genesis,* »Erschaffung«, beziehungsweise *morphê,* »Gestalt«) verändert werden. Pflanzen, die im Freien angebaut werden, wachsen kompakter, gehen mehr in die Breite und bilden mehr Blätter aus – so die Kurzfassung. Das, was draußen einfach nur dazu dient, nicht umzuknicken oder Artgenossen »aus dem Weg zu wachsen«, kann im Gewächshaus zum Beispiel durch regelmäßiges »Streicheln« realisiert werden. Dazu gibt es in manchen Betrieben eigens Maschinen, die gleichmäßig und sanft über die Basilikumtöpfchen fahren.[9] Die muss man sich vorstellen wie ein Auto auf Stelzen, das mit Gummifransen behangen ist und durch die Überfahrt den Windhauch im Kräuterwald simuliert. Wirklich wahr! Auch die Bildung der leckeren und wohltuenden ätherischen Öle soll so gefördert werden. Es sind ja vor allem diese starken Duftstoffe, die es uns angetan haben und etwa aus der italienischen Küche nicht mehr wegzudenken sind. Gesunde, frische Kräuter bereichern doch jedes Essen, oder?

Dass Kräuter im Topf immer frisch sind, steht außer Frage, aber gesund sind sie in vielen Fällen wohl nur in Maßen. Schon Paracelsus sagte vor fast fünfhundert Jahren: »Alle Dinge sind Gift, und nichts ist ohne Gift; allein die Dosis macht, dass ein Ding kein Gift sei.« So wurde unser schönes Basilikumkraut ein halbes Jahrtausend später vom Bundesinstitut für Risikobewertung unter die Lupe genommen und aufgrund seiner nachweislich krebserregenden Inhaltsstoffe Estragol und Methyleugenol als »für die therapeutische Anwendung nicht vertretbar« eingestuft (siehe auch Kapitel 3, Abbildung 3).[10]

Es ist zwar mehr eine Formsache – wer isst schon ein halbes Pfund pures Basilikum? –, aber wer weiß, auf welche verrückten Ideen Menschen kommen können. Wie schon gesagt, die Dosis macht das Gift. Wenn man sich vorstellt, dass man fünfzig superscharfe Chilischoten eindampft und ihre Inhaltsstoffe in eine kleine Tablette presst, bekommt man eine ungefähre Vorstellung dieses Satzes. Auf die Bedeutung des Paracelsus-Zitats für einige unserer heutigen Wirkstoffdebatten und die Beantwortung der Frage »Was ist eigentlich Risiko?« werde ich in kommenden Kapiteln noch des Öfteren zu sprechen kommen. An dieser Stelle sei nur noch einmal darauf hingewiesen, dass Pflanzen diese Stoffe nicht zum Spaß herstellen oder gar, um uns zu gefallen oder qualvoll hinzurichten. Die allermeisten dieser Substanzen sind einzig und allein zum Fraßschutz da (oder in sonstige pflanzeneigene Abwehrmechanismen involviert).

Und das bringt uns zurück zum Anfang: Pflanzen können (im Gegensatz zu uns und den meisten Tieren) nicht weglaufen. Sie müssen es irgendwie hinbekommen, Attacken von außen im vermeintlichen Stillstand abzuwehren und gleichzeitig bestäubende Verbündete anzulocken. Sie müssen farblich attraktiv für die einen, zugleich unscheinbar für die anderen sein. Nicht zuletzt müssen sie dann doch, zum richtigen Zeitpunkt, schmackhaftes Fruchtfleisch um ihre Samen herum ausbilden, die gegessen und möglichst weit weg wieder schön verpackt ausgeworfen werden sollen – zur Erschließung neuer Lebensräume. Dazu ist es hilfreich, wenn die Früchte vor allem den Fleißigen und Vielreisenden schmecken.

All das verwirklichen Pflanzen durch eine gewisse chemische Kreativität. Und wie meisterhaft sie das tun! Tatsächlich produzieren Pflanzen in ihren Wurzeln, Blättern und Früchten Substanzen, die wir in unseren besten Labors nur unter großer Anstrengung nachbasteln können. Man könnte meinen, sie hätten ihre Genetik aus der simplen Sesshaftigkeit heraus so sehr ausgebaut, dass sie für alle Eventualitäten gewappnet sind. Und wir profitieren auch noch davon. Ein Hoch auf die grünen Chemikerinnen! Legt gern kurz das Buch beiseite und verbeugt euch vor der Efeutute oder singt der Palme in der Ecke ein Ständchen. Vielleicht streichelt ihr auch kurz über das Basilikumkraut auf der Fensterbank.

Trotzdem scheint es, als hätten wir uns von unseren Pflanzen entfremdet. Als würden wir sie in unseren Wohnungen dulden, solange sie hübsch aussehen, gut schmecken und ihre Biologie möglichst zurückfahren. Andererseits haben sich aber auch unsere Pflanzen entfremdet, und zwar von ihren wilden Artgenossen und Vorfahren. Zwei Parallelwelten, die sich aufgetan haben – die der wilden, unerforschten Natur und die der gebändigten, an unsere Bedürfnisse angepassten – und die wir in unseren Köpfen nur schwer zusammenbekommen. Der Acker hat nur noch wenig vom Charme des freien Feldes, und die klein geschnittene Möhre auf unserem Tisch erinnert nur schwach an das heilsame Wurzelgemüse der Schamanen in der TV-Doku. Bei den Tieren verhält es sich ähnlich: Um die Wildheit eines Wolfes in einem Chihuahua oder einer Französischen Bulldogge zu finden, muss man schon viel Vorstellungskraft mitbringen.

Bei beidem – Nutzpflanzen und Nutz- sowie Haustieren – hatten wir Menschen zweifellos unsere Finger im Spiel. Durch gezielte Züchtung – man könnte auch sagen »gerichtete Evolution« – haben wir Flora und Fauna nach unseren Bedürfnissen geformt und optimiert. Die Haltung von Nutztieren wie auch die von Nutzpflanzen war gewissermaßen eine notwendige Anpassung der natürlichen Gegebenheiten für den Erhalt unserer Spezies. Der traditionelle Ackerbau liefert uns seither zuverlässig Nahrung, ohne dass wir damit viel zu tun hätten. Dass heute nicht jeder selbst Landwirtschaft betreiben muss, ist völlig okay und auch wichtig für eine funktionierende Gesellschaft. Aber wie konnte es so weit kommen, dass wir vergessen haben, wo unser Essen herkommt?

Wie konnten wir auf dem langen Pfad der Züchtung aus den Augen verlieren, warum wir überhaupt damit angefangen haben? Vielen Verbraucher*innen ist Natürlichkeit ein besonders wichtiges Kriterium beim Einkauf. Man möchte möglichst naturbelassene, biologische Produkte. Heißt das, dass wir jetzt alle wieder auf Ästen herumkauen müssen oder uns auf gut Glück Blätter und Beeren einverleiben sollen in der Hoffnung, nicht ins sprichwörtliche Gras zu beißen? Nun, wir werden uns diesen Themen vorsichtig nähern. Schließlich sind hier grundlegende Fragen im Spiel, die teilweise jede*r für sich beantworten sollte. Zur Erinnerung können wir uns aber noch einmal vergegenwärtigen, wieso die Kulturgeschichte der menschlichen Spezies ohne die der Pflanzenzüchtung undenkbar wäre.

Pflanzen, die´s geschafft haben

1. **Ents** sind sympathisch-entschleunigte Baumriesen in J. R. R. Tolkiens *Der Herr der Ringe.*

2. **Die Peitschende Weide** hat in *Harry Potter* schon so manch angehende*n Magier*in versohlt.

3. **Groot** aus *Guardians of the Galaxy* ist vor allem in der Baby-Version ein Publikumsmagnet.

4. **Die Piranha-Pflanze** schnappt sich in diversen *Super-Mario*-Spielen unvorsichtige Passant*innen.

5. **Der Weihnachtsbaum** am **Rockefeller Center** in New York ist ein schöner und besinnlicher Anblick.

KAPITEL 2
Pflanzenzähmen leicht gemacht

Eine kurze Geschichte der Pflanzenzucht (eine Geschichte der Menschheit)

Zutaten Haferdinkelbrot
350 g Dinkelvollkornmehl
150 g Haferflocken
50 g Sonnenblumenkerne
50 g Leinsamen
50 g Sesamsamen
etwas Salz und Essig
½ Würfel Hefe
500 ml lauwarmes Wasser

Welche Lebensweise würdest du bevorzugen: die jagend-sammelnde oder die häuslich-gärtnernde?

Vor mehr als zehntausend Jahren durchlebte die Menschheit einen Erkenntnisprozess (und fundamentalen Strukturwandel), der heute als neolithische Revolution in den Geschichtsbüchern steht.[1] In dieser Übergangsphase realisierten wir etwas: Wenn wir nicht alle Früchte, Beeren und Körner direkt aufessen, sondern einen Teil der Dinkelkörner und Sesamsamen aus unserer Zutatenliste aufbewahren und zur richtigen Zeit am richtigen Ort wieder in die Erde stecken … vermehrt sich das Essen von selbst! Es war der Beginn der Landbewirtschaftung und damit auch das Ende einer eher anstrengenden Ära des Herumlaufens, der Monsterkämpfe und des regelmäßigen Verhungerns. *Homo sapiens* wurde sesshaft und blieb einem Stückchen Land treu, wurde sozusagen heimisch und machte es sich nett.

Im Zuge dieser Wohnst-du-noch-oder-lebst-du-schon-Reformation lernten wir, welche Pflanzen und Tiere sich domestizieren, also *zähmen* lassen und wie wir auf einen Schlag mehr Nahrung produzieren können, als wir allein tatsächlich verbrauchen. Das begünstigte die Bildung von immer größeren Kollektiven und Gesellschaften, in denen das Know-how der Landwirt*innen Saison für Saison stetig wuchs. Schlussendlich ist es nicht abwegig zu behaupten, dass erst durch die Anfänge der Pflanzenzucht Kulturen, wie wir sie heute kennen, ermöglicht wurden. (»Kultur« kann hier sowohl als Nutzpflanze als auch im Sinne von Zivilisation verstanden werden, beides wäre passend und richtig.)

Die Arbeitsteilung entstand aus der bequemen Situation heraus, dass sich nur ein Teil der Gruppe mit Acker und Vieh auseinandersetzen musste. Andere Individuen hatten also jetzt mehr Zeit, um endlich den ihnen innewohnenden Talenten nachzugehen. So kannten sich einige vielleicht besser im medizinischen Bereich aus, andere hatten ein Händchen für den Hausbau, und wieder andere bereicherten die Runde durch Lieder oder Malereien. Eine florierende Gesellschaft, eine *Hochkultur*, kann nur entstehen, wenn Aufgaben verteilt werden und eben nicht jede*r Einzelne zusehen muss, dass genug Essen zusammenkommt. Die Weiterentwicklung von Techniken, eine politische Zentralinstanz und vor allem ein strukturiertes Produktionssystem mit einem Überangebot an landwirtschaftlichen Erzeugnissen sind notwendige Kriterien für Zivilisation – das wissen wir jetzt. Und indem wir den wilden Pflanzen die Manieren beigebracht haben, stellten wir schon vor Tausenden von Jahren die Weichen für unsere heutige Gesellschaft.

Das Brot, das wir heute backen wollen, ist vollgepackt mit den Pionierpflanzen, die zu den allerersten Kulturen überhaupt gezählt werden. Getreide wie Dinkel und Hafer, aber auch Lein und Sesam werden seit Ewigkeiten angebaut und verzehrt. Witzigerweise sind sie gerade heute wieder angesagt, und auf zahlreichen Instagram-Kanälen werden Kreationen aus oder mit den ältesten Kulturpflanzen neben dem neuesten iPhone vorgestellt und beworben. Sicherlich hat auch das mit dem in Kapitel 1 erwähnten Natürlichkeitsgedanken zu tun, da es die »ursprünglichsten« aller Saaten sind, die gerade Hochkonjunktur haben. Sie sind aber auch einfach lecker und eine hübsche Erweiterung der Ernährungspalette. Wie ging das jetzt noch mal mit dem Haferdinkelbrot? Mal eben die Suchmaschine der Wahl anwerfen … ah, ja.

Die Hefe wird in dem Wasser aufgelöst. Die trockenen Zutaten, also Dinkelmehl, Haferflocken, Sonnenblumenkerne, Leinsamen und Sesam, werden in einer großen Schüssel gemischt und mit einer Prise Salz und zwei Esslöffeln Essig versetzt. Jetzt kann das Hefewasser dazu, und das Ganze wird mit dem Knethaken ordentlich vermengt. Als Nächstes wandert der Teig in eine mit Backpapier ausgekleidete Kastenform – wer mag, kann noch ein paar kernige Haferflocken oder Kürbiskerne für die Kruste obendrauf streuen. Dann wird alles in den kalten Ofen gestellt, mittlere Schiene. Bei Ober-/Unterhitze, 200 °C, fünfundfünfzig bis sechzig Minuten backen. Fertig ist das vegane Urkornbrot. Schmeckt nur mit Margarine schon fantastisch!

Oft hört man die Frage: »Ist Hefe eigentlich vegan?« Die Antwort ist fast schon philosophisch. Prämisse: »Vegan« meint »kein Tierprodukt«, also weder ein Teil des Tieres aus der Schlachtung noch freiwillige Auswürfe wie Eier, Milch oder Wolle. Unsere Backhefe *Saccharomyces cerevisiae* gehört zu den einzelligen Pilzen und ist damit weder Tier noch Pflanze. Pilze bilden ein eigenes Reich innerhalb der Lebewesen, das besonders divers und längst nicht vollständig erforscht ist. Heute ist bekannt, dass sie uns und der Tierwelt genetisch sogar näherstehen als den grünen Waldkolleginnen.[2] Ähnlich wie wir müssen Pilze *essen,* sich also mit organischer Materie versorgen, um zu überleben. Sie erfüllen damit neben Regenwurm und Kleinstinsekten eine wichtige Rolle bei der Zersetzung und dem Re- und Upcycling im Nährstoffkreislauf. Anders sieht's bei den Pflanzen aus: Sie kommen dank Fotosynthese gut ohne Kadaver klar. Sind Pilze, inklusive unserer Hefe, also vegan? Na ja, immerhin haben sie kein Nervensystem und fühlen nichts … oder doch? Ach, eigentlich soll's in diesem Kapitel ja um etwas ganz anderes gehen.

Während wir uns also die gute Stulle einverleiben, lasst uns doch kurz darüber sinnieren, wie das Getreide von der Jungsteinzeit bis auf unseren formschönen Frühstücksteller kam. Die Menschheit hat also Landwirtschaft erfunden, um die Erntemengen (den *Output*) zu erhöhen und so die steigende Bevölkerung zuverlässig mit Lebensmitteln zu versorgen. Dabei war ein gesunder und nährstoffreicher Boden schon immer die Grundbedingung für Erfolg: Der Anbau von Weizen, Gerste, Dinkel und Co. nahm seinen Anfang in einer Nahost-Region, die unter der Bezeichnung Fruchtbarer Halbmond bekannt ist.[3] Diese Fläche, die sich vom Persischen Golf über die heutigen Staatsgebiete von Irak, Syrien und Libanon bis nach Israel und Nordägypten erstreckt, bot damals optimale Bedingungen. Das Klima und die Bodenbeschaffenheit waren wie gemacht für extensiven Ackerbau und die ersten züchterischen Experimente. Urbäuerinnen und -bauern beobachteten ihr Getreide ganz genau, und wenn mal eines dabei war, das größere Körner produzierte, höher wuchs oder generell robuster aussah, wurde es besonders gut gepflegt.

Schon damals hatte man längst begriffen, dass die Körner ebenjener Pflanzen, im nächsten Jahr ausgesät, den Ertrag nochmals erhöhen konnten. Die Grundlagen der Vererbung waren zwar noch nicht erforscht, aber wohl bereits ein Bauchgefühl. Auf diese Art und Weise – durch aufmerksame Betrachtung des Bestands – wurden wünschenswerte Eigenschaften unserer Pflanzen schon früh als Zuchtziele definiert und vorangetrieben. Ein Beispiel wäre hier die sogenannte Spindelfestigkeit. Gemeint ist das simple, aber ganz und gar nicht selbstverständliche

Hängenbleiben der Körner an der Mutterpflanze. Von Natur aus möchte sie die Nachkommen eigentlich möglichst bald loswerden. Wildformen von Gerste werfen auch heute noch ihre Samen kreuz und quer in der Gegend herum – gut für die Verbreitung der Art, schlecht für die Ernte. Dem wurde schon in frühen Kultursorten durch gezielte Zähmung ein Ende gesetzt.[4]

Ein weiteres, sehr cooles Feature ist die Mehrzeiligkeit, also die Anlage von mehreren Fruchtreihen an einem Halm oder einer Ähre. Der Maiskolben hat hier wohl das größte Umstyling hinter sich. Gebt einfach mal »Teosinte« in eure Lieblingssuchmaschine ein – so sah der Mais tatsächlich aus,[5] bevor er durch menschliches Zutun in die heutige Form gebracht wurde! Weitere gewollte Optimierungen, die schon früh angegangen wurden, waren größere Früchte, kräftigerer Wuchs, gute Standfestigkeit und gute Lagerungsfähigkeit. Gerade der letzte Punkt ist hier hervorzuheben, denn was nützt eine Überproduktion von Nahrung, wenn sie nicht in irgendeiner Form haltbar gemacht oder konserviert werden kann? Die gewitzte Konservierung von Lebensmitteln war eine weitere Errungenschaft unserer Vormenschen aus der Steinzeit, für die wir uns nur bedanken können.

Bei der Entwicklung von Methoden zur Haltbarmachung will man allerdings nicht wirklich gern dabei gewesen sein. Luft- oder Sonnentrocknung von Obst, Gemüse und Fleisch zählen noch zu den harmloseren Vorgehensweisen, die schon früh genutzt wurden. Durch den Entzug von Flüssigkeit wird Bakterien und Schimmelpilzen der Spaß (und die Lebensgrundlage) genommen, sich in unseren Vorräten einzunisten. Ähnlich funktionieren chemische Methoden wie Pökeln (übertriebenes Salzen), Räuchern, Zuckern oder Säuern. Im alten Ägypten wurde bereits Gemüse in Essig und Honig eingelegt. Das Einlegen und (nicht sachgerechte) Einkochen birgt übrigens immer eine gewisse Gefahr, die hier mindestens kurz erwähnt werden muss.

Kleiner Einschub: Unsere Pflanzen werden von Natur aus von einer ganzen Armee von Mikroorganismen bevölkert, die erst mal weder gut noch schlecht für uns (oder den Verzehr der pflanzlichen Lebensmittel) sind. Unter ihnen ist auch *Clostridium botulinum*. Dieses Bakterium kann das Einkochen überleben und wächst am liebsten in luftleeren Gefäßen ohne Konkurrenz. Es gibt also eine sehr geringe Wahrscheinlichkeit, dass sich *Clostridium* unbemerkt (weil ohne Gasproduktion) in deiner selbst gemachten Tomatensoße ausbreitet und kleine, aber feine Mengen des Botulinum-Neurotoxins abgibt (siehe Abbildung 3). Sagen wir mal so, damit willst du wirklich nicht in Kontakt kommen. Wenn du auf Nummer sicher gehen willst, benutze einen Druckkochtopf zum Einkochen und erhitze bereits eingemachte Lebensmittel gut durch. Das ist nämlich das einzig Gute an diesem Gift: Es ist ein Protein, das bei Hitze denaturiert und unschädlich gemacht wird.[6] Einschub Ende

Die bei den Vanilleschoten schon erwähnte Fermentation, also die hauptsächlich durch Milchsäurebakterien und unter Sauerstoffausschluss eingeleitete Gärung, war nicht nur die abgefahrenste aller haltbarkeitsverlängernden Erfindungen. Sie ist auch eine der schonendsten, da hierbei Vitamine und andere hitzeempfindliche Inhaltsstoffe für längere Zeit erhalten bleiben.[7] Allgemein bekannt ist das Sauerkraut, das nichts anderes ist als Weißkohl, der in einer Salzlake von fleißigen Laktobazillen vergoren wurde (wie gesagt, Testkaninchen will man da nicht gewesen sein). Das fernöstliche Analog wäre Kimchi, das auf ganz ähnliche Weise seit Tausenden Jahren hergestellt wird. Fermentiertes Gemüse war für lange Schiffsreisen oft die einzige Möglichkeit, an Vitamin C zu kommen,[8] und wer das nicht wollte, bekam Skorbut – eine fiese Mangelerkrankung, bei der Zahnfleischbluten und Fieber noch zu den milden Symptomen gehören. Heute ist das zum Glück nur noch selten ein Thema.

Und ob man es wahrhaben will oder nicht, Lebensmittel, deren Herstellung oder Konservierung mit Gärung zu tun haben, finden sich in jedem Einkaufswagen wieder: Joghurt, Quark, Buttermilch, Salzgurken, Wein oder Bier wären ohne Fermentation nicht nur schlecht haltbar, sondern auch deutlich weniger peppig im Geschmack. Heute erlebt fermentiertes Gemüse eine Wiedergeburt. Und das ist ziemlich cool, da die Milchsäurebakterien auch die bösen Botulismusbakterien in Schach und aus unseren Lebensmitteln raushalten.

Der Vollständigkeit halber muss hier natürlich noch die Konservendose genannt werden. Mit der industriellen Revolution gewann die Haltbarmachung von Lebensmitteln noch einmal an Bedeutung. Immer mehr Menschen zogen ab Mitte des 19. Jahrhunderts vom Land in die Stadt, und die Wege der Lebensmittel von der Produktion bis zum Küchentisch wurden länger. Neben der schon bekannten Lagerung auf Eis – Kühl- und Tiefkühlgeräte gab es erst später – war es vor allem die thermische Sterilisation (also Keimfreiheit durch Wärmebehandlung), die für die Überbrückung weiter Transportwege unschätzbar wertvoll wurde.

Zu den verlängerten Transportwegen kamen in neuerer Zeit die veränderten Bedürfnisse der Konsument*innen, die zunehmend in Singlehaushalten nahe der Arbeitsstätte leben und nach kleineren, schnell zuzubereitenden oder schon verzehrfertigen Portionen fragen. Auch die Nachfrage nach exotischen Produkten stieg und konnte durch die verschiedenen Arten der Konservierung bedient werden. Die Ursprünge des heutigen Convenience-Food sind hier zu finden.

Die erwähnte Blechdose (inklusive dazugehörigem Öffner, der allerdings erst ein paar Jahre später erfunden wurde) machte das Leben dabei deutlich einfacher. Frische Lebensmittel, abgefüllt in einen luftdichten Zylinder mit zwei Deckeln, wurden autoklaviert (das bedeutet im Drucktopf bei 121 °C und zwei Bar für mindestens zwanzig Minuten sterilisiert) und hielten sich so über Monate und Jahre. Ironischerweise kam es zunächst dennoch zu Vergiftungserscheinungen, die später auf die Bleiversiegelung der Deckel zurückgeführt werden konnten und so manchem Arktiscowboy oder Robbenfänger zum Verhängnis wurden.[9]

Nach wie vor sind Konserven eine gute Alternative zur Versorgung mit halbwegs frischen Lebensmitteln, gerade wenn sie in entlegene Gebiete verschickt werden sollen. Vorsicht ist jedoch geboten, wenn sich die Dose wölbt (in Konservendosenfachkreisen nennt man das *Bombage*) –

dann können Fäulnisprozesse die Ursache sein. Es sei denn, man ist in Schweden und möchte Surströmming kaufen. Dann ist die *Bombage* ein Qualitätsmerkmal. Auf Flügen mit gewissen Airlines ist die Mitnahme des Gär-Herings allerdings aufgrund der Sorge vor Explosionsgefahr explizit verboten.[10]

Auch Pflanzen und ihre Produkte lassen sich hervorragend in Konservendosen lagern. Etwa die Hälfte der Vitamine übersteht nämlich den Sterilisationsvorgang und bleibt in unseren Dosenpfirsichen, Ananasringen und Bambussprossen erhalten. Nach einiger Zeit bauen sich jedoch auch diese »Restvitamine« durch chemische Prozesse ab, sodass das Produkt nur bedingt hält, was es verspricht. Das führt uns zu einem Lieblingsthema der deutschen Frühstücksunterhaltungen: dem MHD. Das Mindesthaltbarkeitsdatum sorgt nach wie vor für genug Gesprächsstoff und hitzige Diskussionen zwischen übervorsichtigen Eltern und ihren *Fridays for Future*-Kindern. Dabei haben die Jüngeren sicherlich recht: Es heißt »mindestens haltbar bis« und nicht »auf jeden Fall tödlich ab«.

Zur Zähmung der Pflanzen gehörte also nicht nur die frühe Erkenntnis, dass die Bodenbedingungen stimmen müssen und sich bestimmte Merkmale für die nächste Aussaat »abspeichern« lassen, sondern auch die Weitsicht, Pflanzenprodukte über die Erntesaison hinaus verfügbar zu machen. Die Natur hatte uns ihre ersten Tricks verraten, mit deren Hilfe wir wachsen und gedeihen konnten – Gleiches galt für unser Gemüse. Das klingt vielleicht esoterischer, als es gemeint ist.

Die nächste große Stufe in der Geschichte der Pflanzenzucht war wahrscheinlich die Kreuzung. Während es ziemlich schwierig ist, eine Weizenpflanze mit einer anderen zu kreuzen (sie sind notorisch selbstbefruchtend), gelang dies bei Kulturen mit größeren Blüten schon eher. Was nämlich bei der Kreuzung gemacht wird, ist eine kontrollierte Bestäubung einer Art durch den Pollen einer – meist nah verwandten – anderen Art. Will man beispielsweise zwei Erbsen kreuzen, die unterschiedlich gefärbte Schoten haben, muss man zunächst die männlichen und die weiblichen Organe in der Blüte finden. Da die Erbse zu den Schmetterlingsblütlern (oder Hülsenfrüchtlern, siehe Kapitel 1) gehört, findet man diese in dem sogenannten Schiffchen, also den unteren beiden, miteinander verwachsenen flügelartigen Blütenblättern. Die männlichen, pollentragenden Anlagen werden Staubblätter genannt und müssen in der zu befruchtenden Blüte frühzeitig entfernt werden, um eine Eigenbestäubung zu vermeiden. Dann werden Pollen von der Spenderblüte gesammelt und auf die weiblichen Anlagen (namens Griffel) aufgestrichen. Nach ein paar Tagen sieht man schon, ob sich der Blütenboden verdickt und eine Frucht entstehen wird. Vielleicht hat die ja dann irgendeine andere spannende Farbe.

Genau diese Experimente beschäftigten den Mönch Gregor Mendel im 19. Jahrhundert in seinem Klostergarten. Er lebte während der aufkommenden industriellen Revolution und damit in einer Zeit, in der die Versorgung der immer schneller wachsenden Bevölkerung zu einem buchstäblich zunehmenden Problem wurde. Mendel erkannte als einer der Ersten die Zusammenhänge der Vererbung und auch, dass Merkmale gelegentlich eine Generation überspringen können. Die moderne Pflanzenzüchtung arbeitet noch heute in weiten Teilen nach der mendelschen Vererbungslehre. Außerdem verdanken Heerscharen von Schüler*innen es ihm, dass sie heute im Abitur genau wissen müssen, was Uniformitäts-, Spaltungs- und Unabhängigkeitsregel besagen.[11] Danke, Greg! Dabei braucht es eigentlich nicht mal viele Vokabeln, um zu verstehen, welche Kombinationen bei der Erbsenkreuzung möglich sind. Ich hab euch hier mal ein einfaches Rekombinationsquadrat (oder Punnett-Quadrat) mitgebracht (Abbildung 2).

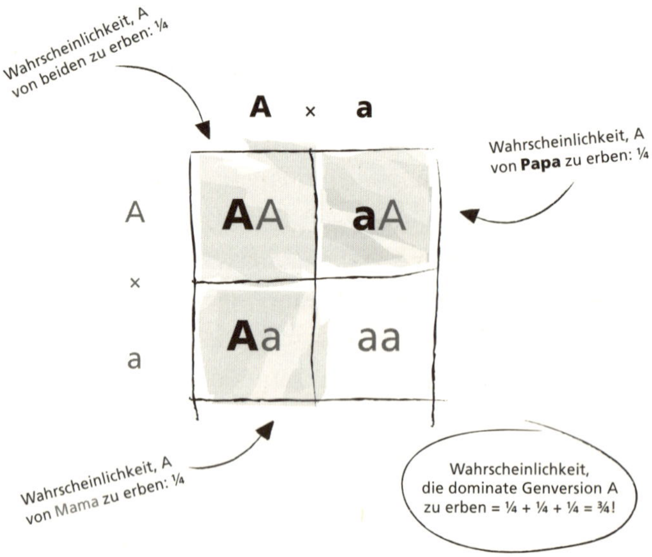

Abbildung 2: Ein Rekombinationsquadrat nach Reginald Punnett

Damals wie heute ein solides Hilfsmittel bei der Vorhersage von Kreuzungsergebnissen in der Pflanzenzucht

Wie funktioniert das jetzt genau? Nun, erst mal ist es wichtig zu wissen, dass sämtliche Gene in Pflanzen (und auch in uns) zwei Versionen haben. Jede Zelle hat einen Zellkern, der die DNA enthält. Und diese DNA verwurschtelt und verknotet sich zu Chromosomen. Davon haben Menschen 23 Paare, Erbsen sieben und der Ackerschachtelhalm 108. Aber das nur am Rande. Wichtig ist, dass jedes Chromosomenpärchen dieselben Gene trägt, diese aber ein klein wenig unterschiedlich sein können (jedoch nicht müssen). Diese Genversionen nennt man Allele. Vermischen sich nun bei der Befruchtung die Genome von Mama (siehe Abbildung 2, in Grau) und Papa (in Schwarz), dann werden mit einer bestimmten Wahrscheinlichkeit Zweiergruppen gebildet. Dazu musst du im Punnett-Quadrat einfach die Allele der beiden Elternteile in ihren verschiedenen Kombinationsmöglichkeiten zusammenbringen. So erhältst du ein ganz gutes Bild davon, welche genetische Ausstattung (Genotyp) die Nachkommen haben könnten. Aber Achtung: Die Zusammensetzung der Allele sagt erst mal noch nichts über das tatsächlich ausgeprägte Merkmal (Phänotyp) aus. Und dann steht da in der Abbildung noch was von einer »dominanten Genversion«. Lass uns das Ganze am besten an einem weiteren Beispiel veranschaulichen.

Nehmen wir der Einfachheit halber an, das Merkmal Schotenfarbe wird durch ein einziges Gen bestimmt, das sich in zwei Versionen (*A* für die Farbe Grün und *a* für die Farbe Gelb) im Erbgut beider Elternteile befindet. Kommt es zur Bestäubung (der Pollen kommt zum Griffel), kann sich jeweils eine Genversion der Mutter mit einer Genversion des Vaters zusammentun. Für die Kreuzung zweier reinerbigen (homozygoten) Elternteile, die die Genotypen *AA* und *aa* aufweisen, gilt dann also im Rekombinationsquadrat:

$$AA \times aa \rightarrow Aa + Aa + Aa + Aa$$

Der Witz ist jetzt, dass die Genversion *A* krasser drauf ist als *a*. Das Allel drängt sich vor, will immer im Mittelpunkt stehen. In der Genetik nennt man das dominant, während das Gegenteil als rezessiv bezeichnet wird. Die großgeschriebene Variante ist also Trumpf und wird sich in unserem Beispiel immer gegen *a* durchsetzen. Welche Farbe haben also die Schoten der vier Nachkommen? Genau, sie sind alle grün. Es hätte genauso gut anders ausgehen können (nur noch ein Beispiel, zur Sicherheit). Nehmen wir an, wir haben wieder eine grünschotige *(A)* Spenderpflanze und kreuzen sie mit einer gelbschotigen *(a)* Akzeptorpflanze. Diesmal bringt der Spender jedoch schon beide Genvarianten mit. Er ist natürlich trotzdem grün, da *A* sich gegen *a* durchsetzt. Dennoch gilt hier für die Kreuzung:

$$Aa \times aa \rightarrow Aa + Aa + aa + aa$$

Tadaa! Und hier haben wir dann zwei grüne und zwei gelbe Nachkommen, obwohl die Eltern in beiden Kreuzungsversuchen gleich aussahen. (Zumindest statistisch: Nicht vergessen, dass man nicht alle sechs Züge eine Sechs würfelt, auch wenn die Wahrscheinlichkeit genau ein Sechstel beträgt.) Wenn du noch Probleme hast, das nachzuvollziehen, male gern das entsprechende Punnett-Quadrat auf! Noch eine Spielerei, dann ist wirklich Schluss, versprochen. Durch das Genversions-Gedankenexperiment lässt sich auch zeigen, dass aus der Kombination von zwei gleichen Merkmalen eines hervorgehen kann, das keines der Elternteile trägt (so zu sehen auch im Beispielquadrat in Abbildung 2):

$$Aa \times Aa \rightarrow AA + Aa + aA + aa$$

Zwei grüne Eltern bringen (statistisch gesehen) drei grüne und ein gelbes Tochterpflänzchen hervor! Damit lässt sich auch erklären, warum manche Merkmale (oder vererbbare Krankheiten) eine Generation überspringen können. Oder auch, wieso die Blumen in deinem Garten plötzlich eine neue Farbpalette entworfen haben. Ist das nicht faszinierend? Nicht?! Vielleicht liegt es an mir … Hoffentlich ist dennoch angekommen, dass die Genetik viele Dinge erklären kann. EDIT: (…) viele Dinge erklären kann, *solange sie sich an die Mathematik hält.*

Jetzt reden wir hier aber über Biologie. Und die macht manchmal, was sie will. Es gibt einige Ausnahmen zu den rein logischen Mendel-Regeln, die wir heute kennen und einigermaßen gut einkalkulieren können. Da das hier jedoch zu weit führen würde, reicht an dieser Stelle die Anerkennung für den Augustinermönch Gregor Mendel. Seine Pionierarbeiten – aber auch die Herangehensweise und seine wissenschaftliche Methodik! – sind noch heute ein wichtiges Vorbild für die Wissenschaftswelt.

Die Kreuzung und das ungefähre Verständnis dessen, was hier geschieht, hat Pflanzenzüchter*innen also geholfen, schneller ans Ziel zu kommen. Sie mussten nicht mehr warten, bis sich auf dem Feld spontan etwas zusammenfand, und konnten besser einschätzen, wie sie ihre Pflanzen kombinieren mussten, um gewisse Merkmale nicht mit der nächsten Generation wieder zu verlieren. Außerdem ist seit Mendel klar, dass Vererbung nicht nach dem Alles-oder-nichts-Prinzip funktioniert. Im Gegenteil, alle Organismen sind vielmehr ein Puzzle von Merkmalen, die sich weitgehend unabhängig voneinander und neu kombinieren lassen. So konnten wir Menschen uns erstmals Gedanken darüber machen, welche Exemplare wir kreuzen, um in Sachen Fruchtgröße, Geschmack und Wuchs die besten Eigenschaften zu vereinen. Praktisch. Ein paar Probleme gab es dennoch. Was bei der Erbse schnell geht, dauert beim Apfelbaum ein Weilchen länger. Wenn die Bestäubung nicht geklappt hat, merkte man das erst viel später und musste wieder von vorn anfangen. Und wenn die Bestäubung geklappt hat, hieß das noch lange nicht, dass auch wirklich das gewünschte Endprodukt entstand. Es gab also noch viel Spielraum für Verbesserung.

Exkurs

Die Festplatte der Menschheit

Auf der abgelegenen norwegischen Insel Spitzbergen (Svalbard) wurde im Jahr 2008 ein Saatgut-Tresor installiert, der die Samen der wichtigsten Nutzpflanzen in großer Sortenvielfalt beherbergt. Mit diesem Back-up können im Katastrophenfall wichtige Lebensmittel wie Reis, Mais, Weizen und andere Kalorienlieferanten abgerufen und nachgezüchtet werden!

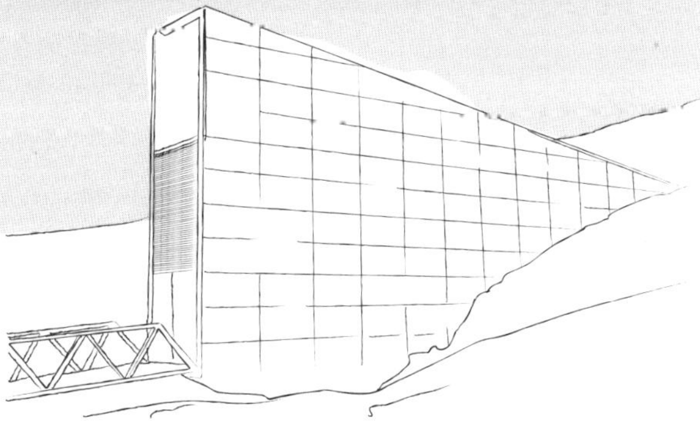

Svalbard Global Seed Vault

Ein paar Jahrzehnte lang kehrte wieder Ruhe ein auf dem Züchtungskanal. Bis in den 1930er-Jahren die Menschheit mit Radioaktivität experimentierte. Und es begab sich in dieser Zeit, dass auch Pflanzensamen mit hochreaktiver Strahlung und hochreaktiven Chemikalien beschossen wurden.[12] Warum auch nicht? Jedenfalls stellte sich heraus, dass man so gänzlich neue Eigenschaften aus dem Gemüse herauskitzeln konnte. Merkmale, die oft in keiner vorhergehenden Generation vorgekommen waren. Dies war die Geburt des Atomobsts. Etwas wissenschaftlicher ausgedrückt: Die Strahlenmutagenese war erfunden.

Was passiert, wenn man Saatgut mit energiereicher Strahlung beschießt? Nun, es ist auf molekularer Ebene ein bisschen wie mit der Schrotflinte in ein Bällebad ballern: Man weiß nie so genau, was man trifft. Und wenn du weder Schrotflinte noch Uran zu Hause hast, musst du eben kreativ werden. Zum Beispiel, indem du etwas Saatgut in eine Tüte packst, zum nächstgelegenen nuklearen Reaktor fährst und das Tütchen dort für einige Minuten in das bläulich schimmernde Kühlbecken tunkst, in dem die Brennstäbe ruhen. Klingt komisch, ist aber tatsächlich so passiert.[13] Alternativ kannst du die zu behandelnden Samen unter eine sehr starke UV-Lampe legen oder in einer Lösung mit mutagenen Substanzen baden.

Das Resultat ist bei allen Ansätzen dasselbe: Durch die Behandlung entstehen Tausende kleine Schäden am Erbgut, kleine Risse im DNA-Strang oder molekulare Schrammen, die teils von den Zellen repariert werden können, teils als Mutationen verbleiben und an die nächste Generation weitervererbt werden. Mutationen sind nicht per se etwas Unheimliches oder Gefährliches. Im

Gegenteil: Ohne sie ist Evolution nicht möglich. Ohne Mutation keine Veränderung, ohne Veränderung keine Anpassung, ohne Anpassung geht's schnurstracks zur Ausfahrt *Extinction,* zum Aussterben. Es gibt – zumindest im Reich der Pflanzen – keine »guten« oder »schlechten« Mutationen, sondern nur die richtige Veränderung zur richtigen Zeit am richtigen Ort.

Aber nun gut, was machen wir jetzt mit dem »verstrahlten« Saatgut? Na klar, aussäen. Wenn man alles richtig gemacht hat (also zum Beispiel nicht mit der Strahlungsdosis übertrieben hat; ein guter Richtwert ist hier 10 bis 30 Gray [1 Gy = 1 Joule pro Kilogramm = 1 m^2/s^2], je nach Pflanzenart und gewünschtem Effekt), sollten ein paar lebensfähige Pflänzchen aufgehen. Jetzt wird es spannend: Hat eine der Nachkommen die Farbe gewechselt? Schmeckt eine auf einmal nach Banane? Trägt eine auf einmal entenförmige Früchte? Oder etwas realistischer: Hat ein Nachkömmling jetzt mehr Ertrag oder eine bessere Schädlingsresistenz? O ja, die Pflanze da drüben trägt besonders viele Früchte! Leider sieht sie aber sonst etwas mickrig aus und scheint besonders beliebt bei den Läusen zu sein.

Was nun folgt, ist das, was Züchter*innen Rückkreuzung nennen. Und das ist die eigentliche Arbeit. Jahrelang wird die neu entstandene Sorte mit den (nicht bestrahlten) Elternpflanzen verkreuzt, um über viele Generationen hinweg möglichst viele der ungewollten Mutationen wieder loszuwerden. Die Kapitel »Wuchshöhe« und »Insektenabwehr« in der DNA der Eltern überschreiben die Erbinformation der kümmerlichen neuen Pflanze – und das möglichst, ohne dabei die sensationelle Fruchtzahl wieder zu verlieren. Ein Drahtseilakt, der viele Rückkreuzungen und viele Punnett-Quadrate verschlingt, ehe die richtige Merkmalskombination (der gewünschte Phänotyp) fertig ist. Die Auslese etlicher Nachkommen ist notwendig, um schließlich eine marktreife Zuchtvariante in der Hand zu halten, die möglichst alle positiven Eigenschaften vereint.[14]

Übrigens ist das bei Hybridsorten ganz ähnlich, die per definitionem eine Kreuzung aus verschiedenen Arten oder Zuchtlinien sind. Ein bekanntes Beispiel ist das Maultier, das aus Pferde-Mama und Esel-Papa entsteht. Auch bei den Pflanzen ist das ein Thema: Eine genetisch regelrecht verkümmerte (weil über Generationen mit sich selbst gekreuzte) Tomatensorte freut sich total, wenn ihr plötzlich mit einem neuen Kreuzungspartner frische Erbinformation in den Schoß fällt. Als Dank produziert sie Nachkommen, die aromatisch, ertragreich und kraftstrotzend dastehen. Das ist ein bisschen so, als würde man hundertmal die Biografie von Dieter Bohlen lesen und dann auf einmal das neue Buch von Tsokos in die Hände bekommen. Es ist wie eine Erleuchtung!

In der Pflanzenzucht nennt man diesen Effekt *Heterosis*. Er hat den großen Nachteil, dass die entstehende Sorte nur vorübergehend so toll aussieht.[15] Wenn man von Hybriden Saatgut nimmt und es im nächsten Jahr in den eigenen Garten wirft, gehen die tollen Eigenschaften mit jeder Generation mehr und mehr flöten. Sie sind nicht »samenfest«. Auf der anderen Seite sind diese Erleuchteten besonders zuverlässig im Ertrag und bilden uniforme (also ungefähr gleich große, ähnlich geformte und auch geschmacklich verlässliche) Früchte aus, was von Vorteil für Lagerung, Transport und Vermarktung ist. Schließlich halten Hybridsorten eigentlich immer, was sie versprechen, und garantieren eine gleichbleibende Qualität. Das bringt auch einen Vorteil im Verkauf, denn wir (Deutschen) sind ja gern mal überfordert, wenn wir uns zwischen zwei Kohlköpfen entscheiden müssen. Oder wenn im Rezept eine »mittelgroße Zucchini« gefordert wird. Dass das Gemüse im Supermarkt so uniform ist, kann uns also solch schwierige Kaufentscheidungen abnehmen. In einem späteren Kapitel besprechen wir noch, warum es jedoch langsam an der Zeit ist, diese Bequemlichkeiten zu überdenken. Nur so viel vorab: Es hat nicht mal etwas mit humanitärer Rettung von krummen *Too good to go*-Gurken zu tun.

Die Mutagenese ist im direkten Vergleich zur »Kreuzung per Hand« eine eher fortschrittliche Methode. Sie erlaubt eine Art »verschnellerte Evolution« und erhöht die Wahrscheinlichkeit, innerhalb weniger Generationen neue Merkmale zu generieren, enorm. Doch ist sie ziemlich ungerichtet, und es erfordert eine sehr große Stichprobenzahl, um einen Treffer im gewünschten Gen zu landen. (Deshalb gibt es »Mutanten-Bibliotheken«, in denen die Nachkommen des bestrahlten Saatguts kategorisiert und gelagert werden.) Trotzdem wäre natürlich anstelle von Dynamitfischerei im See der genetischen Superkräfte ein zivilisiertes Angeln mit ausgewähltem Haken und Köder irgendwie schöner.

Mit dem technologischen Fortschritt (beispielsweise der Aufklärung und Beschreibung der DNA-Struktur) kam in der zweiten Hälfte des 20. Jahrhunderts auch endlich die Analytik, mit der man den Schrotschuss-Schaden der Strahlenbehandlung genauer inspizieren konnte (quasi der verspätete Dosenöffner der Genetik). Gewisse Mutationen, durch Strahlung ausgelöst, konnten nun durch Sequenzierung gefunden werden.[16] Das bedeutete für die Pflanzenzucht, dass der »Rechtschreibfehler« im Text der Erbinformation, der mit hoher Wahrscheinlichkeit für eine bestimmte neue Eigenschaft verantwortlich war, fortan durch Korrekturlesen ausfindig gemacht werden konnte. Mit völliger Sicherheit ließ sich ein verbessertes Merkmal jedoch noch nicht mit einzelnen Genvarianten begründen, solange nach der Rückkreuzung »Restmutationen« in der Pflanze verblieben, die entweder mit-, teil- oder gar nicht verantwortlich für die Veränderung sein konnten. Aber zumindest konnte man beispielsweise die Färbung des roten Fruchtfleischs bei der Grapefruit – eine der prominenteren Atomobst-Sorten[17] – auf eine Handvoll Gene zurückführen.

Die Molekularforschung arbeitete auf Hochtouren, um immer genauere Werkzeuge zu erfinden, die die exakte Bearbeitung von Zielgenen zuließen, statt im Dunkeln schießen zu müssen. Man wollte weg von der brachial anmutenden Mutagenese – weniger aus Sorge um die *Off-Targets* (die »Kollateralschäden«), sondern vor allem, um schneller Ergebnisse zu erzielen und die lästige Rückkreuzung zu verkürzen. Die Charts der neuen Züchtungstechnologien aktualisierten sich im Sekundentakt, die wissenschaftlichen Publikationen überschlugen sich und enthielten sowohl One-Hit-Wonder als auch Evergreens mit so hippen Abkürzungen wie TALEN, ZFN oder CRISPR/Cas9.[18]

Ohne hier zu sehr ins Detail zu gehen: All diese Verfahren waren (mal wieder) von der Natur abgekupfert und wurden durch die Tipps und Tricks von Bakterien- und Labormauszellen inspiriert. Sie dienten einzig und allein dem Zweck, einzelne Buchstaben im Skript der Pflanzen-DNA zu verändern. Am besten punktgenau, ohne Nebenwirkungen und ohne bleibende Narben. So unauffällig präpariert wie das große »I« im vorangegangenen Satz. Winzig kleine Schnitte auf atomarer Ebene, die aber mit etwas Glück große Wirkung in der Entwicklung neuer Sorten zeigen könnten. Die angestrebten Ziele blieben dabei dieselben wie schon bei den historischen Methoden: mehr Ertrag, besserer Wuchs, stärkere Abwehr. Hinzu kamen neue Ziele, die mit den globalen Entwicklungen der letzten paar Jahrzehnte zu tun haben:[19] Trockenheitstoleranz, regionale Anpassung und Resistenz gegen neu auftretende Schädlinge.

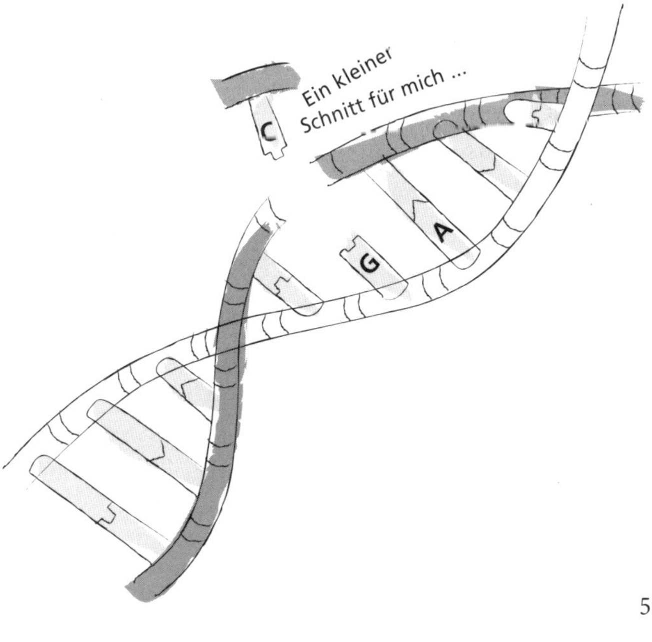

Halten wir also fest, dass in der Pflanzenzucht viele Wege nach Rom führen: Wenn wir Teosinte in Mais verwandeln wollen (oder jede andere Wildform oder Landrasse in ein ausgewachsenes Gemüse!), können wir entweder

1. ziemlich lange warten, bis es spontan zur ersehnten Mutation kommt, oder
2. selbst beim Pflanzensex nachhelfen und klug kombinieren oder
3. ins nächstgelegene AKW einbrechen und Atommüsli machen oder
4. die technischen Tricks der Natur nachahmen, mit unsichtbaren Genscheren das Genom an der richtigen Stelle umstylen und schauen, was dabei rauskommt.

Da uns die Zeit davonrennt (Klimakrise, Artensterben, du weißt Bescheid) und Methode 1 irrsinnig lange dauert, bleiben uns realistischerweise noch drei andere Herangehensweisen. Und diese haben alle eine entscheidende Gemeinsamkeit, die uns bewusst sein sollte:

Bei der Entwicklung und Selektion neuer Sorten haben wir *immer* unsere Hände im Spiel. Genau wie Landwirtschaft unbestreitbar ein Eingriff in die Natur ist, ist Züchtung ein Eingriff in unsere Lebensmittel und deren Eigenschaften. Eine Intervention, die uns zweifellos eine gewisse Lebensqualität geschenkt hat. Und was für ein unfassbarer Zufall, dass wir diese Möglichkeiten gefunden haben! Anstelle von schwer verdaulicher, vitaminarmer und sehr einseitiger (Pflanzen-)Kost haben wir nach dieser Entwicklungsgeschichte, vorangetrieben durch ein gesundes Maß an Experimentierfreudigkeit – das *Trial and*

Error unserer Vorfahr*innen –, eine wirklich große und bunte Vielfalt auf unseren Tellern.

Die verrückten Abwege und großen Entdeckungen der Pflanzenzüchtung haben uns also dahin gebracht, wo wir heute stehen: Wir haben Hochleistungssorten, die fast unter ihrem Eigengewicht zusammenbrechen – aber auch Äpfel in allen Formen und Farben; Maisfelder bis zum Horizont – aber auch gute und verlässliche Erträge. Wir essen hybridisierte Tomaten – aber auch knallrote Grapefruits, die nur durch radioaktive Bestrahlung entstehen konnten. Die Zucht war uns ein nützliches Werkzeug, um unser Leben auf der Erde angenehmer zu machen. Und sie kann uns jetzt wieder nützlich sein, wenn wir Pflanzen für globale Veränderungen wappnen wollen.

Was sie allerdings auch leisten kann (und meiner Meinung nach viel zu selten tut), ist, bisher nicht erschöpfte Potenziale zu fördern. Von den über 30 000 bekannten essbaren Pflanzenarten weltweit machen *nur etwa dreißig* Arten den Großteil unserer Ernährung aus. (Merkt euch das für das grandiose Finale in Kapitel 8.) Zu der obigen Methodenliste kann und muss daher noch eine »Methode 5« ergänzt werden: Lasst uns schauen, welchen alten Bekannten wir nicht ein neues Label verpassen wollen – um die ganze Bandbreite auszuschöpfen! Wieso immer Mais, wenn man vielleicht auch Kichererbsen nehmen kann? Wieso Spinat, wenn Algen ebenfalls ganz gut schmecken? Wieso riesige Felder mit Sojabohnen, wenn Lupinen genauso nahrhaft für Mensch und Tier sind?

Wieso nicht mal etwas völlig Neues ausprobieren?

Die Spezialisierung auf einige wenige Gemüsearten war in der Vergangenheit an mancher Stelle sinnvoll. Jetzt aber kann uns die Wissenschaft dabei helfen, nicht nur bisher wenig genutzte, teils vergessene Sorten marktfähig zu machen, sondern auch mit allen Mitteln die Biodiversität auf unseren Wiesen und Feldern – und auf unserer Speisekarte! – zu maximieren.

Es ist so viel sinnvoller, schöner und auch nachhaltiger, wenn wir in unserer Ernährung auf möglichst vielfältige Pflanzenarten in allen Formen und Farben zurückgreifen können. Außerdem lassen sich durch die Verfügbarkeit verschiedener Sorten regelrechte Katastrophen verhindern, wie die Geschichte der Bananenpandemie eindrucksvoll erzählt.

KAPITEL 3

Das Wunder von Beeren

Warum Sortenvielfalt wichtig ist …
und uns noch mal den Hintern retten wird

Zutaten Maulwurfkuchen
150 g Weizenmehl
100 g Butter oder Margarine
150 g Zucker
2 Eier
50 g Kakaopulver
200 g Schokoladenraspel
100 ml Milch
4 Bananen
500 g Schlagsahne
2 Pck. Vanillezucker
etwas Zitronensaft

Es begann im Jahr 1890 auf einer kleinen Farm in Panama. Natürlich lässt sich das nicht wirklich so exakt sagen, aber lasst uns das Spiel mal zugunsten der nötigen Dramaturgie mitspielen. Denn es geht hier schließlich um das Aussterben einer Art, um den flächendeckenden Krankheitsfall einer Spezies, ja, um eine globale Pandemie ohne Happy End. Es geht um das *Bananageddon*[1].

Für einen klassischen Maulwurfkuchen braucht man ein paar Früchte der Bananenstaude. Hast du dich schon mal gefragt, wieso Bananen keine Kerne haben? Ist ja im Grunde ziemlich praktisch. Wir alle wissen, wie störend diese Dinger zum Beispiel beim genüsslichen Kauen von Weintrauben oder Mandarinen sein können. Allerdings ist Züchtung und Vererbung in die nächste Generation echt schwierig, wenn man so gar keine Nachkommen produziert. Wie also reproduziert sich die Banane? Nun, eine von vielen Superkräften von Pflanzen nennt sich »vegetative Vermehrung«. Sie bezeichnet die Fortpflanzung durch Stecklinge, Ausläufer, Knollen oder andere Teile der Mutterpflanze. Dabei ist die neu entstehende Tochterpflanze genetisch nicht zu unterscheiden von der Spenderin – sie ist ein Klon.

Viele Kulturpflanzenarten werden auf diese Weise vermehrt, indem Stückchen von Blatt, Stängel oder Wurzelknolle einfach in die Erde gebracht werden. Bekannte Beispiele sind Kartoffeln, viele Obstgehölze, Erdbeeren oder auch Süßkartoffeln. Nach demselben Prinzip wird nun eben auch unsere Banane durch Umsetzen von Ausläufern einer Staude vervielfältigt. Das Problem ist aber: Während Erdbeeren trotzdem Samen ausbilden (die »Nüsschen« sind als kleine gelbe Punkte auf dem roten Fruchtfleisch gut zu erkennen), hat man sie bei der Banane *weggezüchtet*. Die großen, steinharten Kerne der wilden Bananen waren im Endprodukt unerwünscht und wurden deshalb im Rahmen von Zuchtprogrammen schon vor langer Zeit herausgekreuzt. Gut für den Esskomfort, blöd für evolutionäre Anpassungspläne.

Es kam, wie es kommen musste: Anfang des 20. Jahrhunderts befiel eine fiese Krankheit die Bananenplantagen Mittelamerikas, die aufgrund ihres vermuteten Ursprungs Panamakrankheit genannt wurde. Der Erreger, ein Pilz namens *Fusarium oxysporum* f. sp. *cubense,* befällt die Pflanze vom Boden her und verstopft die Transportwege für Wasser und Nährstoffe, sodass sie vertrocknet. Aufgrund der genetischen Verarmung (dank vegetativer Vermehrung waren ja so gut wie alle Bananenstauden auf der Welt Klone) breitete sich *Fusarium* munter und rasant aus. Der erste pandemische Ausbruch der Panamakrankheit ging in die Geschichte ein und führte schon damals zum Abschied von der sehr beliebten Bananensorte Gros Michel[2]. Die, die sich erinnern können, schwärmen noch heute von ihrem tollen Geschmack und ihrer stattlichen Größe. Nach und nach waren sämtliche Plantagenbetriebe gezwungen, auf die kleinere Sorte Cavendish auszuweichen, da diese resistent gegen die Pilzerkrankung war. Heute machen Cavendish-Bananen über 95 Prozent unserer Supermarktware aus, während Gros Michel im Exil lebt und nur noch vereinzelt und in kleinem Maßstab angebaut wird. Das erste Bananageddon konnten wir eindämmen, indem eine Sorte komplett durch eine andere ersetzt wurde.

So weit, so gut. Nach einer langsamen Erholung des weltweiten Bananenanbaus und einer sehr merkwürdigen und dunklen Phase, in der die Banane in Deutschland nur noch als »Schlauchapfel« bezeichnet werden durfte (die Nationalsozialisten erfanden absurde Begriffe für exotische Produkte, um die deutsche Sprache zu »reinigen«), ging das Spiel in den 1990er-Jahren jedoch von vorn los.

Wieder war es die Panamakrankheit, und wieder dominierte die Monokultur einer einzigen Sorte. Gegen die neue Variante TR4 des Krankheitserregers war selbst unsere Cavendish nicht gewappnet, und wieder gab es kein Gegenmittelchen. Aber es gibt einen entscheidenden Unterschied zum ersten Ausbruch hundert Jahre zuvor: Im Gegensatz zu damals existiert keine TR4-resistente Ersatzbanane.[3]

Müssen wir uns also auf eine Welt ohne Bananen einstellen? Schluckt den Kloß im Hals erst mal runter und konzentriert euch lieber auf den Maulwurfkuchen. Für den Rührteig Butter oder Margarine, Zucker und Eier schaumig schlagen, Mehl, Kakaopulver, Schokoladenraspel und Milch einrühren, bis eine schöne Masse entsteht. Diese in eine gefettete Springform geben und bei 170 °C etwa fünfundvierzig Minuten backen. Den Kuchenboden aus der Form lösen und abkühlen lassen. Nun die Bananen in Scheiben schnibbeln. Während ihr sie in gleichmäßigen Kacheln auf den ausgehöhlten Kuchenboden auslegt, spürt ihr vielleicht ihre Leidensgeschichte und wisst es etwas mehr zu schätzen, dass das kernlose Gewächs den weiten Weg unbeschadet zu euch geschafft hat. (Der Rest der Prozedur ist denkbar einfach: Etwas Zitronensaft auf die Fruchtstücke träufeln, um Oxidationsprozesse zu vermeiden, Sahne mit Vanillezucker vermischen, steif schlagen und kuppelartig darüber verteilen. Die vom Auslöffeln des Bodens übrig gebliebenen Krümel auf den Kuchen geben und etwas andrücken. Mindestens zwei Stunden in den Kühlschrank stellen.)

Joa, die arme Banane … ihre mittelfristige Rettung könnte vielleicht in der modernen Pflanzenforschung liegen. Die langfristige Lehre aus der Geschichte der Panamakrankheit ist jedoch eindeutig: Durch eine große Sortenbandbreite, eine *echte Diversität* in unseren Kulturpflanzenarten können wir solchen Seuchen zuvorkommen und sie schnell besiegen – oder wenigstens schnelle Alternativen schaffen. Wer schon mal auf einem Wochenmarkt in Südostasien unterwegs war, weiß, wie viele bunte, dicke, kleine und krumme Obstsorten es da draußen tatsächlich gibt. Forschende müssten eigentlich nur hinfahren, ein paar herauspicken, sie alle mit den aktuell bedrohlichsten Krankheitserregern infizieren (im Labor, versteht sich), resistente Pflänzchen identifizieren, und schon hätten wir einen guten, realen Ersatz (beispielsweise für die Reha-Zeit der Cavendish-Banane).

Leider ist das aber nicht ganz so einfach. Symptomatisch für fast all unsere Gemüsesorten ist der gesamte »Bananen-Weltapparat« nämlich auf Cavendish ausgerichtet und genormt. Die Umstellung auf eine neue Sorte über Nacht ist praktisch nicht möglich, sondern erfordert einige Zeit der strukturellen Anpassungen. Während Cavendish also vermutlich nicht (und ebenso wenig wie ihre Leidensgenossin Gros Michel) restlos aussterben wird, ist es doch wahrscheinlich, dass wir einer längeren Dürreperiode mit deutlich reduziertem Maulwurfkuchenkonsum entgegensehen.

Auch um solchen Epi- und Pandemien im Pflanzenreich zuvorzukommen, gibt es hierzulande den EU-Pflanzenpass[4]. Ohne Witz – keine Pflanze und kein Pflanzenprodukt darf importiert werden, ohne zuvor einen Ausweis vorgelegt zu haben! Außerdem wird es spätestens an der Grenze in eine Seitenkabine gezogen und auf mögliche Schadorganismen gefilzt. Hat das Pflanzenmaterial den Test bestanden, erhält es das »Phytosanitäre Zeugnis«, das seine Unbedenklichkeit bescheinigt und eine Einreise oder Einfuhr erst möglich macht. Was klingt wie eine weitere Erfindung von bürokratophilen Anzugtragenden, ist in Wirklichkeit eine ganz gut funktionierende Kampagne zur räumlichen Isolierung neu auftretender Krankheitsherde.

Selbstverständlich ist das alles auch das Resultat eines systematischen Problems: Rein- und Monokulturen begünstigen die Ausbreitung eines Schädlings genauso sehr wie die extensive Nutzung selektiver Schädlingsbekämpfungsmittel (Verschiebung des ökologischen Gleichgewichts zugunsten weniger Arten, die das Gift nicht juckt) oder die Beschränkung auf eine einzige Supersorte, die den globalen Markt dominiert (wie im Bananenbeispiel).

Der Erhalt von Biodiversität innerhalb des Pflanzenreichs ergibt eben nicht nur aus ökologischer Sicht Sinn, sondern trägt auch direkt zur Sicherung unserer Lebensgrundlage bei. Nicht nur die Bienchen freuen sich über Vielfalt, sondern eben auch die zukünftigen Generationen. Und hier können wir alle mit anpacken. Ob wir dies nun durch Experimentieren mit (möglichst vielen) verschiedenen bunten Gemüsesorten im Garten, der Pflege von Omas altem Apfelbaum, Totholzecken neben dem Sandkasten, Blühwiesen auf dem Kreisverkehr tun oder durch Wissensvermittlung und in Labor- und Feldexperimenten mit klimagewappneten Pflanzen, ist im Grunde völlig gleich. Niemand muss dazu studiert oder eine bestimmte Ausbildung abgeschlossen haben. Die Hauptsache ist: Wir sollten alle kreativ werden und die Vielfalt schützen – allein schon aus dem ganz einfachen (und egoistischen) Grund, dass sonst sehr bald unsere Lieblingszutaten ihre ganz eigene Form des Artensterbens einläuten werden.

Kommen wir zu den etwas weniger apokalyptischen Themen. Sortenvielfalt ist nämlich nicht nur gut, um Pandemien zuvorzukommen, sondern kitzelt auch unglaubliche Geschmackspaletten aus unserem Lieblingsgemüse heraus. Der Gemüsekohl *Brassica oleracea* hat eine große Bandbreite faszinierender Formen und Farben, die uns allen unter verschiedensten Namen bekannt sind: Während beim Kohlrabi der verdickte Stamm roh und gekocht genießbar ist, sind es beim Rosenkohl die seitlichen Knospen, die wir essen. Beim Grünkohl mögen wir die großen Blätter, bei Brokkoli und Blumenkohl sind es die ungeöffneten Blütenköpfe, die in unserer Küche herhalten müssen. Rot-, Spitz- und Weißkohl sowie Wirsing bilden besonders große Köpfe (die das Resultat eines sehr verkürzten Stamms sind) und werden roh, eingelegt, gekocht oder gebraten verzehrt. Ihr habt es sicher schon geahnt: Botanisch gesehen gehören alle Kohlsorten zur selben Art![5] Die Unterschiede sind allein durch Züchtung entstanden; es wurde jeweils einem anderen Teil der Pflanze besonders viel Aufmerksamkeit geschenkt und gewisse Merkmale wurden so über viele Generationen hinweg ausgeprägt.

Exakt das gleiche Spiel lief bei der Gemeinen Rübe *(Beta vulgaris),* die heute in ihren verschiedenen Zuchtformen als Steckrübe oder Zuckerrübe, aber eben auch als Rote Bete oder Mangold keine Fremde mehr ist. Vor allem die knolligen Rüben mit ihren unterirdischen Speicherorganen erleben nicht nur in der Küche ein Comeback, sondern sind auch bei der Suche nach pflanzenbasierten Kraftstoffen und der nachhaltigen Produktion von Biogas besonders wertvoll geworden.[6] Ganz und gar nicht gemein, finde ich. Weiter geht's – in ähnlicher Manier – mit Lauch (Arten der Gattung *Allium*). Hier sind Gemüsezwiebel, Knoblauch, Schalotte, Porree, Schnittlauch, aber auch der Bärlauch anzutreffen.

Ist es nicht unfassbar, welche Vielfalt allein in diesen drei Beispielen steckt? Es lässt sich nur erahnen, was wir noch alles aus unserem Gemüse herausholen können, wenn wir seine Superkräfte weiter nutzen und verstehen lernen. An dieser Stelle sei noch darauf hingewiesen, dass die Begriffe »Gattung«, »Art« und »Sorte« nicht das Gleiche meinen, sondern in absteigender Ordnung zu sehen sind (zum Beispiel steht beim vollen Namen der leckeren Frühlingszwiebel »*Allium fistulosum* Ischikrona« die Gattung *Allium* für Lauch, die Art *fistulosum* für »rohrförmig« und Ischikrona für die Sorten- oder Zuchtbezeichnung).

Allerdings verschwimmen die Grenzen manchmal, wenn neue Pflanzen auf der Bildfläche erscheinen. Was jedoch alle Zwiebelgewächse gemeinsam haben, sind ihre chemischen Minibomben, die Inhaltsstoffe, die uns beim Ringeschneiden in die Augen steigen. Schon abgefahren, was diese schwefelhaltigen und flüchtigen Verbindungen für eine Wirkung auf uns haben. Das Coolste ist, dass sie vor dem Ansetzen des Messers noch gar nicht existieren.[7] Erst durch die Verletzung der Zellschichten geraten die normalerweise säuberlich getrennten Zellsäfte zusammen und bringen die Abwehrsubstanzen hervor: Beim Knoblauch ist dies konkret die Aminosäure Alliin, die auf das Enzym Alliinase trifft und von ihm gespalten wird. Natürlich kann das auch durch Knabbern passieren, wenn beispielweise Schnecken, Nager oder Insekten die Knoblauchzellen aufschließen. Das so entstehende Allicin (ein kleiner Schritt für die Rechtschreibung, aber ein großer Schritt für die Abwehr von Fraßfeinden) verursacht den typischen Knofigeruch und ist zudem ein super interessanter Wirkstoff für die Medizin.[8]

Speaking of Medizin: Pflanzenforschung war schon immer (auch) Gesundheitsforschung. Mal ganz abgesehen davon, dass Tinkturen und Kräutermatsch bereits durch Tausende Jahre (teils schmerzhafter) Erfahrung in der menschlichen Hausapotheke angekommen waren, basiert heute ein großer Teil unserer medizinischen Wirkstoffe auf Entdeckungen im grünen Fachgebiet.[9] Und weil wir eben über Knoblauch gesprochen haben: Schon vor über hundert Jahren hat der irische Arzt und Forscher Dr. William C. Minchin die heilsame Wirkung von Knoblauch erkannt und in einer spektakulären Maskenapparatur bei der Behandlung von Tuberkulose und anderen Krankheiten eingesetzt. Hierzu hat er einen Schwamm mit Knoblauchsaft getränkt und in eine Mund-Nasen-Maske eingesetzt, sodass Patient*innen den Dampf inhalieren konnten (das folgende Bild ist der Originalpublikation von 1927 nachempfunden)[10]. Die flüchtigen Bestandteile des Knoblauchs wirken antiviral, antibakteriell und antioxidativ. Letzteres klingt immer ganz gut, aber da muss gleich wieder auf Paracelsus verwiesen werden: Es kommt stark auf die Dosis an! Ein Übermaß an Antioxidantien im Körper kann genauso schädlich sein wie ein Mangel derselben. Fazit: Eine Knoblauchfahne ist also theoretisch ganz gut gegen viele Atemwegsinfektionen, aber bitte nicht übertreiben. Außerdem gibt es mittlerweile bessere Methoden, um Wirkstoffe an die gewünschte Stelle zu bringen.[11]

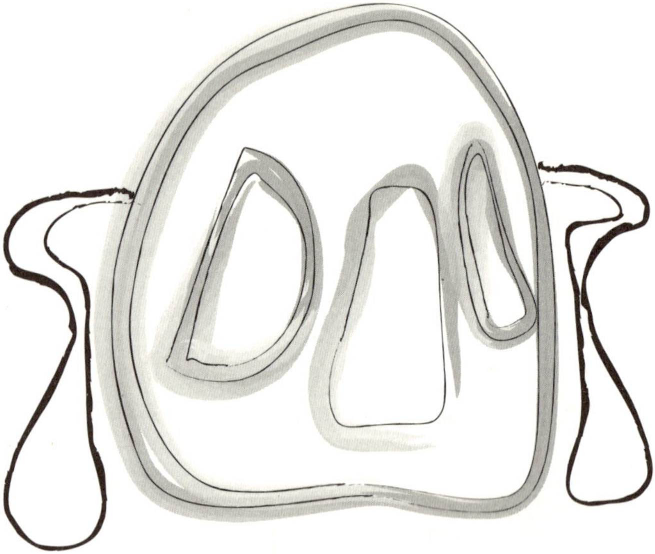

Wie bitte? Du fragst, warum du bei Lungenentzündung oder Ähnlichem nicht ein Gyros mit extra viel Tsatsiki verschrieben bekommst? Nun, das liegt unter anderem daran, dass die superheilenden Pflanzenstoffe ziemlich bald von einem *new kid on the block* rechts überholt wurden: dem Antibiotikum. Es scheint, dass Pilze noch ein kleines bisschen besser darin sind, sich fiese Bakterien vom Leib zu halten. Diese Entdeckung brachte nicht nur Alexander Fleming 1945 den Nobelpreis ein, sondern führte auch zu einem recht beeindruckenden weltweiten Rückgang von durch bakterielle Infektionen bedingten Opferzahlen.[12] Penicillin und Co. sind aus der modernen Medizin nicht mehr wegzudenken. Es ist für viele von uns schon fast ein Running Gag, dass man quasi während der dreisekündigen Untersuchung eines raschelnden Hustens – das Holzstäbchen hängt noch im Hals – bereits ein Rezept für ein Breitbandantibiotikum ausgestellt bekommt.

Antibiotika tun zuverlässig ihren Job, killen die Keime ziemlich spezifisch und sind dabei für uns Menschen vergleichsweise gut verträglich. Leider gilt aber in der Welt der humanmedizinischen Wirkstoffe das Gleiche wie auf dem Acker: Ein Mangel an Vielfalt führt irgendwann unweigerlich zur Bildung von Resistenzen. Versteht mich nicht falsch, die Entdeckung der Antibiotika war ein glorreicher Meilenstein für die Wissenschaft und ein Heilmittel für viele Millionen geplagte Menschen. Es ist nur mittlerweile klar, dass wir uns auf lange Sicht mit dem Einsatz von (Bio-)Chemikalien, die lediglich über einen einzelnen Mechanismus funktionieren, nur wieder neue Problemkinder heranzüchten.[13]

Es ist nicht nur ein Drahtseilakt, sondern auch schlicht unklug, sich voll und ganz auf eine Wirkstoffklasse zur verlassen. An tausend Stellen gleichzeitig wird in diesem Moment an Substanzen geforscht, die neue und innovative Ansätze verfolgen. Die Welt der Wirkstoffe ist unglaublich divers, es passiert da gerade total viel, und es gibt nahezu unendlich viele Beispiele in der Literatur. Deshalb (und auch, weil das hier ein Pflanzen- und kein Pilzbuch werden soll) widmen wir uns an dieser Stelle wieder den pflanzlichen Saftcocktails, die unseren Körper oft gleich an mehreren Stellen gleichzeitig verteidigen.

Schon in der Biochemie-Grundvorlesung meines Professors und späteren Doktorvaters hat mich die folgende Geschichte schwer beeindruckt: die eines pflanzlichen Verkaufsschlagers in Tablettenform. Sie beginnt schon in der Antike, wo Extrakte aus Weiden (lateinisch *Salix*) auf Tontafeln erwähnt wurden. Spätestens ab der Mitte des 18. Jahrhunderts wurden Weidenrindenextrakte dann wegen ihrer guten Wirkung gegen Fieber, Entzündungen und Schmerzen populär. Dazu kamen (zugegebenermaßen nicht belegte) Sichtungen von verletzten Tieren, die an den Ästen des Spierstrauchs (lateinisch *spirea*) nagten, um ihre Schmerzen zu lindern.

Was diese beiden Pflanzen gemeinsam haben: Sie sind reich an Salicylsäure. Und da diese in größeren Mengen nicht nur furchtbar bitter, sondern auch nicht sonderlich bekömmlich ist, wurde für die medikamentöse Nutzung noch eine chemische Gruppe drangehängt – die Acetylsalicylsäure (kurz ASS) war geboren.[14] Aufgrund der chemischen Modifikation zwar offiziell nicht als pflanzliches Arzneimittel gehandelt, findet sich dieser doch aus der

Natur gewonnene Schatz in nahezu allen Badezimmerschränken der Republik (meist in Form von Aspirin®, wobei das »A« vielleicht für die Acetylierung stehen könnte und das »spirin« eventuell für *spirea,* na ja, ihr wisst schon, siehe oben …). Die Weltgesundheitsorganisation WHO führt ASS seit einem knappen halben Jahrhundert auf der Liste der unentbehrlichen Medikamente.[15] Und jetzt kommt eine kleine Knobelaufgabe: Welches krautige Wundermittel hilft nach einer durchzechten Nacht noch außer der kleinen Kopfschmerzpille aus der Weidenrinde?

Genau, Kaffee! Um genau zu sein: 1,3,7-Trimethyl-3,7-dihydro-1H-purin-2,6-dion (auch Coffein genannt, falls das für euren dicken Schädel gerade einfacher zu verarbeiten ist). Noch so ein toller Inhaltsstoff, der in der Kirsche von *Coffea arabica* vorkommt. In geringen Dosen wirkt er stimulierend, yay! Bei größeren Mengen führt er zu Angstzuständen, nay! Und wieder geht ein Gruß an Paracelsus, den alten Schwerenöter. Aber keine Sorge: Beim Menschen liegt die letale Dosis bei etwa zehn Gramm Coffein, was ungefähr hundert Tassen Kaffee oder hundertfünfzig Gläsern Cola entspricht. Trotzdem ist der Vergleich interessant (siehe Abbildung 3): Coffein ist von der Toxizität her irgendwo zwischen Kupfersulfat (einem gängigen Fungizid im Ökolandbau)[16] und der Volksdroge Nikotin anzusiedeln.

»Nur« als gesundheitsschädlich sind dagegen Methyleugenol (Bestandteil vieler ätherischer Öle, außerdem in Kräutern wie Basilikum und Fenchel zu finden, siehe auch Kapitel 1) und Theobromin (ein vor allem für Hund und Katzen gefährliches Alkaloid in Schokolade) klassifiziert.

Vom heiß diskutierten Unkrautmittelchen Glyphosat[17] geht nach aktuellen, vielfach wiederholten Studien ähnlich viel Gefahr für die menschliche Gesundheit aus wie von Salz oder Backpulver. Und wer sich das Neurotoxin von *Clostridium botulinum* – sprich Botox – ins Gesicht oder sonst wohin spritzen lässt, ist selbst schuld. (Das Botulinumtoxin kennst du ja schon aus Kapitel 2, wo wir die Methoden der Haltbarmachung besprochen haben. Auch hier möchte ich dir die detaillierte Beschreibung der Symptome einer Überdosis Botox ersparen.)

SUBSTANZ	LD50 (mg/kg)	GIFTIGKEIT
Zucker	29 000	ohne Gesundheits-gefährdung ≥5000 mg/kg
Vitamin C	11 900	
Alkohol	7060	
Glyphosat	4873	geringe Gesundheits-gefährdung 5000 – 2000 mg/kg
Backpulver	4220	
Kochsalz	3000	
Theobromin	1265	! gesundheits schädlich 2000 – 300 mg/kg
Methyleugenol	810	
Kupfersulfat	300	giftig 300 – 50 mg/kg
Coffein	192	
Nikotin	50	sehr bzw. extrem giftig ≥50 mg/kg
Botox	0,003	

Abbildung 3: Die Dosis macht das Gift!
Angegeben ist die letale Dosis (LD50, oral, Ratte) pro Kilogramm Körpergewicht, bei der fünfzig Prozent der Versuchstiere nach Applikation sterben.
(Quellen: Institut für Arbeitsschutz und ChemIDplus-Datenbank der USA.)[18,19]

Habe ich schon über Artemisinin[20] gesprochen? Den Wirkstoff aus Beifuß, der nach wie vor heiß diskutiert und erforscht wird? Der das erste wirklich wirksame Mittelchen gegen Malaria sein soll?

Oder über das scharfe Capsaicin aus Paprika- und Chilipflanzen (Arten der Gattung *Capsicum*), das unseren Temperaturrezeptoren auf ähnliche Weise etwas vorgaukelt wie das Menthol aus der Minze?

Habe ich dir echt noch nichts über die abgefahrensten Pflanzenstoffe wie Furocumarine im Riesenbärenklau und Tetrahydrocannabinol (THC) aus Cannabis erzählt?

Ach, die Botschaft ist vermutlich schon längst bei dir angekommen. Pflanzen produzieren Pflanzeninhaltsstoffe. Ui, toll. Vielleicht war das alles auch nichts Neues für dich, oder aber es interessiert dich gar nicht so sehr. Für Pflanzenforscher*innen ist das permanente Thematisieren und Unter-die-Nase-Reiben von Sätzen nach dem Motto »Hey, wusstest du schon, dass Pflanzen dies, das und jenes können?« jedoch so sensibel, dass es sogar einen eigenen Hashtag auf Twitter dazu gibt: *#plantblindness.*

Plantblindness, also Pflanzenblindheit, bezieht sich auf die Ignoranz von uns allen, die wir die Pflanzenwelt in unserer Umgebung vernachlässigen und für selbstverständlich hinnehmen. Auf unsere Blindheit, wenn wir lästige Gewächse in unseren Gärten ausrupfen, ohne zu wissen, worum es sich eigentlich handelt. Auf eine systematische Unterwertschätzung der meisterlichen Wunderwesen. Herrje, manche von uns denken sogar, Pflanzen besäßen nur dann DNA, wenn diese verändert wurde! Dass sie nicht nur Luft in Essen verwandeln und den verdammten Planeten herunterkühlen können, sondern auch noch Lebewesen sind, ist uns viel zu selten im Bewusstsein (Vorschläge für deine nächsten Posts: *#plantawareness*, *#greensuperheroes*, *#makeplantsgreatagain*). Vielleicht hilft ja die folgende Geschichte dabei, dass du dich besser mit den krautigen Freundinnen identifizieren kannst. Denn ja, Pflanzen fabrizieren die wundersamsten Naturchemikalien in ihren blättrigen Laboren, das können wir nur neidvoll anerkennen.

Aber was würdest du sagen, wenn ich behaupte, Pflanzen hätten ein Gedächtnis? Eine Art der Speicherung von Informationen aus der Vergangenheit? Würdest du glauben, dass sie sich an traumatische Begegnungen in der Zeit als junger Keimling erinnern können …?

Wenn man das Blatt einer Gurkenpflanze mit dem Pilz *Colletotrichum lagenarium* einschmiert, muss man sich danach die Hände waschen. Außerdem bilden sich kurz darauf gelbe Flecken und löchrige Stellen (auf dem Blatt, nicht auf den Händen) – die typischen Symptome der Anthraknose, die durch diesen Erreger hervorgerufen wird.[21] Wiederholt man nun das gleiche Spiel ein paar Tage später mit einem anderen, gesunden Blatt derselben Pflanze, so fallen die Symptome dort deutlich milder aus. Fast so, als hätte das erste kranke Blatt den Rest der Pflanze vor der kommenden Infektion »gewarnt«.

Tatsächlich lässt sich sogar durch eine Behandlung von Gurkensamen mit Pilzextrakten ein schwerer Krankheitsverlauf im späteren Leben des Krauts verhindern. Was hier passiert, ist prinzipiell nichts anderes als das uns allen bekannte Impfen! Als Kinder werden wir bei den gängigen Impfungen ebenfalls mit einer (abgeschwächten oder inaktiven) Version von Krankheitserregern gepikst. Unsere Immunzellen rekrutieren daraufhin spezielle Patrouillen aus maßgeschneiderten Antikörpern, die in unserer Blutbahn ihre Kreise ziehen und bestenfalls ein Leben lang Ausschau halten nach unerwünschten Eindringlingen. Nun haben Pflanzen weder Blutkörperchen noch Antikörper – aber sehr wohl ein System von Leitungen, in denen Wasser, Nährstoffe und Signalstoffe zwischen den Organen hin- und hertransportiert werden. Wer seine Monstera-Pflanzen etwas zu oft gießt, weiß, wie gut diese Leitbahnen zum Ausstoß von überschüssigem Wasser funktionieren.

Die morgendlichen Tropfen an den Blatträndern verraten es. Es ist doch schon sehr erstaunlich, dass ein Mammutbaum das Grundwasser über hundert Meter bis in die Spitze der Pflanze befördern kann ... allein durch die Saugkraft der kleinen Nadeln und die gute Arbeit im Wurzelreich (in der Pflanzenphysiologie nennt man das Transpirationssog und Wurzeldruck). Warum sollte es also in unserem kleinen Experiment nicht denkbar sein, dass das kranke (»erstinfizierte«) Gurkenblatt dem anderen Bescheid gegeben hat, dass ein fieser Pilz in der Nähe ist? Könnte sich diese Information über die Leitbahnen, angetrieben durch die beschriebenen Prozesse, durch die gesamte Pflanze verbreitet haben? Wenn ja, was ist die Identität dieses Signalmoleküls? Und wie merkt sich das kleine Saatkorn in unserem zweiten Beispiel, dass es früher schon einmal in Kontakt mit dem Bösewicht war? Die Antwort liegt (wie so oft in der Biologie) im Unsichtbaren. Und unsere gar nicht so alte Bekannte – die Salicylsäure – ist auch wieder beteiligt! Aber nun mal langsam.

Durch die lokale Infektion eines Blattes mit einem

Krankheitserreger werden verschiedene angeborene Abwehrmechanismen der Pflanze angeworfen. Zum Beispiel reagiert die erste Zelle, die einen potenziellen Eindringling bemerkt, spontan mit einer Art Mauerbau. Die Zellwand wird an der Penetrationsstelle (so nennt man die Stelle, an der beispielsweise ein Pilz versucht, in die Zelle einzudringen) verdickt, indem von der Innenseite her Zuckermoleküle aufgeschichtet werden.[22] Außerdem werden Gase abgegeben, die das weitere Wachstum des Angreifers hemmen sollen.[23]

Nützt das alles nichts, hat die Zelle ein weiteres Ass im Ärmel: Sie leitet den programmierten Zelltod ein! Diese auch als *hypersensitive response* bezeichnete Reaktion ist so theatralisch, wie sie klingt. Kollektiver Selbstmord an der Front! Durch das freiwillige und selbst eingeleitete Absterben der Zellen rund um die Infektionsstelle wird ein weiteres Ausbreiten des Pilzes in das noch gesunde Blattgewebe verhindert.[24] Da viele Erreger und Parasiten sich von den Zellsäften gesunder, lebender Pflanzen ernähren, geht es nach der hypersensitiven Reaktion auch für sie nicht weiter. Die allermeisten Begegnungen zwischen Pflanzen- und Pilzzellen enden hier, und beide gehen wieder ihrer Wege. Da Pflanzen (wie eingangs erwähnt) sessile Organismen sind, also nicht weglaufen können, ist das auch gut so. Sie alle sind gegen fast jede Krankheit resistent, die da draußen an einem lauen Sommertag in Form von Sporen und Ähnlichem herumschwirrt.

Manche Erreger interessiert das aber herzlich wenig. So wie *Colletotrichum,* der sich einfach munter weiter ausbreitet und sich von den (abgestorbenen) Pflanzenzellen ernähren kann. Und wenn die angeborenen Abwehrtricks nicht ausreichen, um einen Befall zu verhindern, ja, dann kommt ebenjene noch gar nicht so lange bekannte Ganzkörperimmunreaktion ins Spiel: Bei der »systemisch erworbenen Resistenz« werden molekulare Kippschalter in der *gesamten* Pflanze umgelegt, die sie für einen bevorstehenden Angriff wappnen.[25] Das ist ein bisschen so wie die Lauffeuer von Gondor, die über die Berge hinweg bis nach Rohan entfacht werden, damit auch ganz Süd-Mittelerde über das bevorstehende Gefecht Bescheid weiß. Anstelle von berittenen Blondschöpfen mit Lanzen muss man sich hier kleine Proteine vorstellen, die sich zusammentun und nur darauf warten, in den Kampf geschickt zu werden. (Auf schlau: Mitogen-aktivierte Proteinkinasen, die wiederum andere Abwehrproteine aktivieren können, werden auf Stand-by gesetzt, indem sie eine chemische Phosphorylgruppe angehängt bekommen.) Statt einer motivierenden Brandrede von Théoden vor den Ork-Heerscharen sind es hier aufgerollte DNA-Textpassagen, die die Angst vor der Schlacht im Nu verschwinden lassen (das in Chromosomen eingeknäuelte Erbgut wird gelockert, um das »Ablesen« der Abwehrgene zu erleichtern). Und für die richtige Stimmung sorgt hier anstelle eines pompösen Howard-Shore-Soundtracks die allgegenwärtige Salicylsäure, die alle zusammentrommelt und jeder einzelnen noch so weit entfernten Zelle laut zuzurufen scheint: »Auf, auf, ihr Reiter …! Speer wird zerschellen, Schild zersplittern, ein Schwerttag, ein Bluttag, ehe die Sonne steigt. Reitet, reitet nun, reitet zur Vernichtung und zum Ende der Welt!«[26] So oder so ähnlich stelle ich es mir zumindest immer vor. Wenn du hier nicht mehr mitkommst, weil *Der*

Herr der Ringe nie so richtig dein Fall war, darfst du jetzt das Buch beiseitelegen und dein Leben überdenken.

Diese krautigen Kampfvorbereitungen finden im Verborgenen statt. In allen Wäldern, Feldern und Gärten, in jedem Balkonkasten, in jeder Bordsteinritze und zu jeder Tageszeit. Aber erst in den letzten Jahrzehnten haben Forschende zu verstehen begonnen, wie diese Mechanismen ablaufen und dass man Pflanzen regelrecht »impfen«, ihre Superkräfte übertragen und so bestenfalls die Anwendung von chemischen Pflanzenschutzmitteln (im späteren Verlauf) reduzieren kann.[27] Durch Salicylsäure – aber auch andere im Fokus der aktuellen Wissenschaft stehende Substanzen –[28] lässt sich dieser unhörbare Ruf zu den Waffen nachahmen. Und durch das Wissen um die geheimen Botschaften zwischen einzelnen Pflanzenteilen – und zwischen ganzen Populationen in räumlicher Nähe! – lässt sich einiges ableiten, das uns zum Schutz unserer eigenen Gemüsekulturen verhelfen kann. Es gibt hier noch viel zu entdecken. Viel von der Natur zu lernen. Wir müssen eben nur genau hinsehen und checken, wie das im Detail abläuft. Und mit jedem Schritt, mit jeder Entdeckung auf dem Gebiet der pflanzeneigenen Immunabwehr können wir wertvolle Werkzeuge für unseren Ackerbau sammeln.

Exkurs

Planters in Crime

So oft wie kaum eine andere Pflanze hat es der Wunderbaum *(Ricinus communis)* in die Medien geschafft.

Seine Samen enthalten große Mengen des hochgiftigen Proteins Rizin.

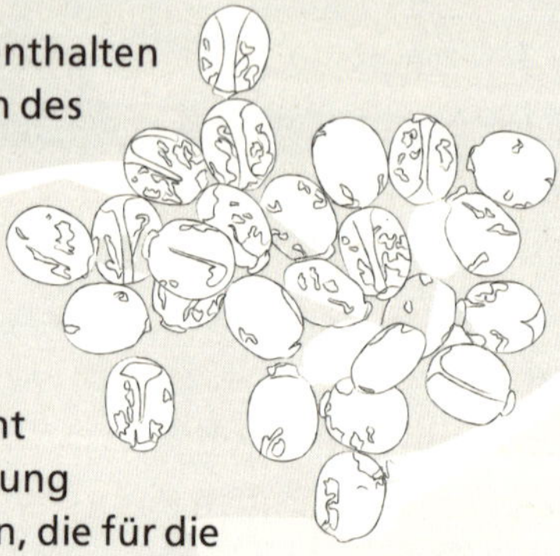

Die toxische Wirkung beruht auf der Hemmung von Ribosomen, die für die Eiweißproduktion in Zellen sorgen. Deshalb ist es nicht verwunderlich, dass Rizin im Deutschen Kriegswaffenkontrollgesetz gelistet ist.

Eine gesunde Pflanze braucht nicht viel Zuwendung – sie kommt sogar ganz ohne uns Menschen klar, wenn sie draußen steht und es ab und zu mal regnet. Wir verlangen jedoch zusätzliche Dienste von unseren Pflanzen: Sie sollen nicht nur wachsen und gedeihen, Schädlinge abwehren und sich selbst vermehren. Nein, sie sollen auch möglichst viel der zur Verfügung stehenden Energie in Früchte und Körner stecken. Wir brauchen fitte Pflanzen, die robust sind und uns verlässliche Ernten bescheren. Dazu ist es von Vorteil, wenn die Rahmenbedingungen stimmen. Vorsorge ist immer besser als Nachsorge: Ein gesunder Boden, Saatgut mit den richtigen Eigenschaften für den gewählten Standort, eine sinnvolle Fruchtfolge, inspirierende Nachbargewächse, eine intakte Community von Vier- bis Achtbeinern … die ökologische Betrachtung eines Feldes aus ganzheitlicher Sicht kann uns enorm weiterhelfen, unsere Lebensmittel besser und nachhaltiger herzustellen. Die Natur macht es vor. Und vor allem die ökologische Landwirtschaft setzt einige dieser Prinzipien schon seit vielen Jahren um.[29]

Es gibt jedoch ein großes Problem, das die Landwirtschaft der Vergangenheit, Gegenwart und Zukunft mit sich bringt: Sie verbraucht verdammt viel Fläche. Fläche, die die Vielfalt der Arten dringend benötigt. Fläche, die unsere Klimagase binden und erfolgreich im Boden halten kann. Fläche, die wir auf der Erde sowieso schon kaum noch haben.[30] Wie also können wir eine stetig wachsende Weltbevölkerung ernähren, die Umwelt schützen, die Abwehrmechanismen der Pflanzen fördern, die Dienstleistungen der Ökosysteme (wenn auch nur zu unserem eigenen Besten!) erhalten, den Ertrag maximieren – und gleichzeitig keinen einzigen Quadratmeter des wertvollen Erdbodens mehr verschwenden?

Während auf einem ökologisch bewirtschafteten Feld die Artenvielfalt höher ist als auf einem durchschnittlichen konventionell bestellten, benötigt der Biohof im Schnitt etwa dreißig Prozent mehr Ackerfläche, um auf den gleichen Ertrag zu kommen (und ich kann zweifellos voraussetzen, dass Nachfrage und Konsum mindestens gleich bleiben, wenn nicht sogar steigen werden). Unterm Strich und in seiner derzeitigen Ausrichtung gelingt es dem Ökolandbau also leider nicht, alle satt zu machen. Durch den erhöhten Flächenbedarf schwindet zudem der Vorteil der größeren Biodiversität bei gleichem Ertrag, und dass der Ökobauer ohne Pflanzenschutzmittel auskommt, ist nichts als ein Mythos, der sich jedoch hartnäckig hält.[31]

Fakt ist: Keine derzeitige Form der Landwirtschaft kann unter den aktuellen Rahmenbedingungen leisten, was vielfach gefordert wird. Es ist ein modernes Dilemma: Weniger Spritzmittel? Okay, dann brauchen wir mehr Platz. Weniger Platzverbrauch? Hm, dann gebt uns die Spritzmittel zurück, damit die Pflanzen bessere Erträge liefern. Weniger von beidem? Dann her mit der Superpflanze! Aber bitte ohne Gentechnik. Und was ist denn überhaupt mit den fancy neuen Hightech-Anwendungen, die das alles lösen können? Hackroboter und digitales Farming? Guter Punkt, wird aber noch ein Weilchen dauern. Außerdem: Wie so oft ist es leider eine Frage des Geldes, wie schnell und entschlossen ein echter Wandel vonstattengeht. (Mehr zum gedanklichen Umkrempeln der Lebensmittelproduktion im Informationszeitalter erwartet dich am Ende des Buches – bring Popcorn mit!)

Der Weg in eine nachhaltige Landwirtschaft ist steinig, aber nicht unmöglich. Damit wir in der Sache vorankommen, müssen wir allerdings miteinander reden. Denn womöglich haben wir den Nutzen, ja den eigentlichen *Sinn und Zweck* von Landwirtschaft schon vor einiger Zeit aus den Augen verloren und sehen nur noch das, was die Schlagzeilen uns entgegenschreien. Oder weißt du etwa noch, wieso Bäuerinnen und Bauern vor einiger Zeit hupend und protestierend durch die Straßen Berlins getreckert sind?

KAPITEL 4
Ein Korn im Feldbett

Eine kurze Erinnerung, warum wir Landwirtschaft machen (und was wir besser machen können)

Zutaten Spinatauflauf
300 g Spinat
600 g Kartoffeln
2 Zwiebeln
2 Knoblauchzehen
2 bis 3 Zweige Thymian
300 g (Pflanzen-)Sahne
200 g geriebener Käse
Pfeffer, Salz, Muskatnuss
etwas Butter oder Margarine

Spinat ist so ziemlich das Erste, das im frühjährlichen Gemüsegarten erntereif wird. Das Tolle an diesem unscheinbaren Gewächs ist, dass man es mehrere Wochen lang wie einen Pflücksalat immer wieder beernten und hin und wieder ein halbes Kilogramm (zu Baby-, Blatt- oder Rahmspinat verarbeitet) in den Froster schmeißen kann. Irgendwann hat die Pflanze dann keine Lust mehr auf den ständigen Haarschnitt und geht spätestens mit den ersten sommerlichen Temperaturen in die Blüte über. Selbst dann kann man sie noch ganz gut rupfen, allerdings schmeckt die Ausbeute weniger gut, denn die Hauptenergie geht nicht mehr in die Blattproduktion, sondern in die Ausbildung der Fortpflanzungsorgane. Nachsäen funktioniert – allerdings besser erst wieder im Herbst, wenn es etwas abgekühlt ist. Mit ein wenig Planung und versetzter Ernte kannst du dich aber ziemlich easy das ganze Jahr über mit frischem *Spinacia oleracea* selbst versorgen.

Wer nicht so ein großer Spinatfan ist, hat es noch nicht mit diesem grandiosen (und wirklich simplen) Auflauf probiert! Im Spätsommer kommen die ersten Kartoffeln aus dem Boden (regional auch als *Tüfte, Tüffel, Erpfel, Äädappel, Erdapfel, Erdbirne, Grundbirne, Gromper, Krumper, Gummel, Gummeli, Bodaddn, Bramburi, Grübling, Eachtling, Nudel* oder *Pipper* bekannt). Man nehme sich nun den vor ein paar Monaten eingefrorenen Spinat aus dem Kaltkonservierungsapparat und lasse ihn antauen. In der Zwischenzeit werden die Kartoffeln im Topf oder Dampfgarer zubereitet sowie Zwiebeln und Knoblauch klein gehackt und kurz angedünstet (an dieser Stelle gern mit dem neu gewonnenen Wissen aus Kapitel 3 prahlen und am frisch angeschnittenen Knofi lecken – o ja, das ist der richtig gute Stoff!). Blätter vom Thymian zupfen und grob hacken, Muskatnuss reiben. Wieder an allem schnüffeln und der Natur lautstark für die bombastischen ätherischen Öle danken. Nun Kartoffeln pellen und in Scheiben schneiden. Wieso manchmal grüne Stellen an den Erdäpfeln zu sehen sind? *Wait for it.* Diese auf jeden Fall großzügig wegschneiden. Nun zuerst etwas Spinat auf dem Boden einer Auflaufform verteilen, mit Knollenscheibchen kachelartig bedecken und mit etwa der Hälfte des Käses (sofern genutzt) zudecken. Das Schichten – bis auf den Käse – wiederholen und das Ganze mit Sahne übergießen (ich benutze immer Hafersahne und rühre Salz, Pfeffer, Muskat und Thymian ein, das gibt einen tollen Geschmack). Erst jetzt kommt der restliche Käse als krönender Abschluss obendrauf – dann ab in den Ofen für zwanzig Minuten bei etwa 200 °C. Und ja, Kochen dauert bei mir immer etwas länger, wenn ich mich mal wieder mit den Pflanzenstoffen verquatsche.

Nun aber zu der grünlichen Kartoffel. Ist das lediglich so eine Phase? Wollte sie nur mal eine Tönung ausprobieren und hat dann doch in einer rebellischen Aktion zur Dauerfarbe gegriffen, um ihre Mutterpflanze zu schockieren? Nee, sie hat wohl eher zu viel Zeit im Dunstbereich der Discokugel verbracht, die im Zentrum unseres Sonnensystems vor sich hin lodert. Wenn Kartoffeln nicht tief genug unter der Erde liegen, regt das einfallende Sonnenlicht sie zur Produktion von einem gar nicht so coolen Pflanzeninhaltsstoff an: Solanin. Diese vor allem in der Familie der Nachtschattengewächse *(Solanaceae)* vorkommende Substanz hat früher (als wir in Sachen Kartoffelanbau noch völlige Neulinge waren) häufiger zu Magenschmerzen und Vergiftungserscheinungen geführt.[1] Zumal frühe Sorten deutlich mehr Solanin enthielten. Heute sind in den modernen Zuchtgemüsen nur noch sehr geringe Konzentrationen (zum Beispiel in der Schale) enthalten. In den sonnengebadeten grünen Stellen häuft sich der Abwehrstoff an, weshalb diese lieber nicht mitgegessen werden sollten.

Andere ungewollte Überraschungen beim Kartoffelschälen sind die »Augen« (hier bilden sich neue Triebe, die ebenfalls mehr Solanin enthalten und daher entfernt werden sollten) oder bräunliche, manchmal aufgeweichte Stellen, die oft auf die Kraut- und Knollenfäule zurückzuführen sind. Um zu verstehen, wie diese Dinge an unsere Chips-Rohmasse gelangen, schadet es nicht, einen Blick auf die Anbauweise der Kartoffel zu werfen.

Exkurs

Social Distancing

Die Venusfliegenfalle bildet extrem lange Blütenstiele aus, um nicht »versehentlich« ihre Bestäuberinnen zu fressen.

Ironisch, oder?

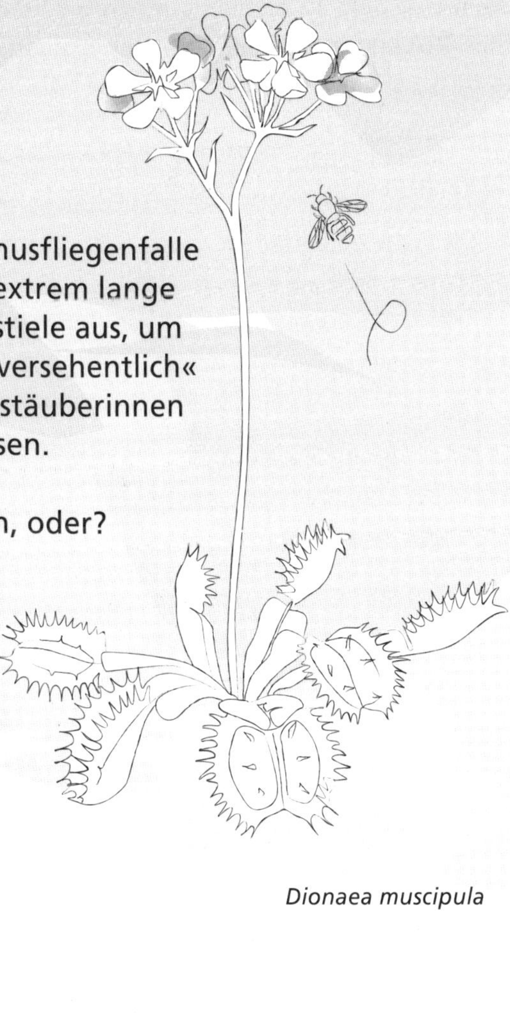

Dionaea muscipula

Solanum tuberosum, wie die Knolle auf schlau heißt, wird in Reihen gepflanzt, und zwar nicht mit den eigentlichen Samen, sondern mit Saatkartoffeln. Das können kleinere, übrig gebliebene Knollen aus der Lagerung sein, die (hier: absichtlich) dem Licht ausgesetzt und zum Austreiben gebracht werden, bevor sie etwa acht bis zehn Zentimeter tief in den Acker versenkt werden. Nach kurzer Zeit schauen die angewachsenen Triebe aus der Erde und werden sogleich wieder zugeschaufelt: Mittels eines pflugartigen Instruments werden die charakteristischen Häufchen über die Jungpflanzen geschichtet – durch die sich diese erneut ans Tageslicht kämpfen. Wenn sie wieder oben herausschauen, kann ein zweites Mal angehäufelt werden. So erkennt man eigentlich Kartoffelfelder immer ziemlich gut an ihrer wellblechartigen Optik.

Wozu der Aufwand? Nun, dieser Prozess hat mehrere Vorteile: Die Pflanze steht stabiler, es ist mehr Erdreich für die Knollenbildung und die Abschirmung gegen das Sonnenlicht (und damit gegen die Solaninbildung) gegeben. Außerdem erleichtert der hügelige Anbau die Ernte. Okay, die Kartoffelpflanzen wachsen also ein zweites Mal aus den Toblerone-Ecken heraus. Danach beginnt ein Wettlauf gegen die Ackerbegleitflora (man könnte auch Unkraut sagen), die in konventionellen Großbetrieben in der Regel durch Herbizide in Schach gehalten wird. In der ökologischen Landwirtschaft werden meistens thermische (über Hitze wirksame) oder mechanische Verfahren angewendet: Mit spektakulären Anhängseln am Traktor, die Gänsefußschar, Rollsternhacke oder Dammstriegel heißen, wird das Spontangewächs zielgenau enthauptet.[2] Das Verfahren muss allerdings mehrere Male wiederholt werden – so lange, bis die Kartoffelpflanzen groß genug sind, um den Boden zu beschatten.[3]

Kaum ist diese Phase überstanden, drohen schon die nächsten Angreifenden. Der Kartoffelkäfer (*Leptinotarsa decemlineata* – was übersetzt so viel heißt wie »leichtfüßig mit zehn Streifen«) hat eine erstaunliche Odyssee hinter sich, seit er mit dem großflächigen Anbau der Knollen in den USA der 1840er-Jahre wohl das erste Mal einen gedeckten Tisch vorfand. Er wurde schnell zum Problem und mit allerlei Mittelchen bekämpft, die mehr oder weniger kurzfristig Abhilfe versprachen und lebensrettende Erträge sichern konnten. Doch auch hier führte das oft eindimensionale Totspritzen früher oder später zu Unwirksamkeit, sodass der Kartoffelkäfer heute Resistenzen gegen sage und schreibe 56 Chemikalien – inklusive des berüchtigten, seit 1977 verbotenen DDT – ausgebildet hat.[4] Schlaues Kerlchen!

Falls ihr jetzt denkt: »Meine Biokartoffeln hatten zum Glück keine Chemiedusche!«, muss ich euch (noch mal) enttäuschen. Auch im ökologischen Landbau sind einige Insektizide als Pflanzenschutzmittel zugelassen. Wenn sie einen »natürlichen Ursprung« haben, etwa aus Pilzen gewonnen und nicht als chemisch-synthetisch kategorisiert werden, gibt es hier manchmal Ausnahmen.[5] Das macht sie zu einer guten Waffe gegen den Leichtfüßigen – allerdings jedoch nicht immer weniger giftig (beispielsweise werden Spinosad-Präparate als bienengefährlich eingestuft)[6]. Und wie wir später in diesem Kapitel sehen werden, ist die Kartoffel sowieso nicht von schlechten Eltern, wenn es um Pflanzenschutzmittel geht. Hmpf.

Etwa zur selben Zeit, als sich der Kartoffelkäfer das erste Mal eine amerikanische Erdapfelpflanze gönnte, entrollte sich auf der anderen Seite des Atlantiks ein weiteres Drama. Wieder ging es um einen Krankheitserreger. Und wieder war der Kartoffelanbau beteiligt. Nur diesmal ging es buchstäblich um Leben und Tod.

Es ist selten geworden, dass Pflanzenkrankheiten eine direkte, spürbare Auswirkung auf unser (mitteleuropäisches) Leben haben. Oft spielen sozioökonomische Aspekte eine entscheidende Rolle bei der Frage, ob beispielsweise Ernteausfälle oder Pilzpandemien bei uns »ankommen« oder ob sie durch Handel und *Containment*-Maßnahmen abgefedert werden können. Wie das möglicherweise bevorstehende *Bananageddon* ereignete sich im Irland des 19. Jahrhunderts ein Drama, von dem sich die Grüne Insel bis heute nicht erholt hat. Der Pflanzenparasit *Phytophthora infestans,* Erreger der Kraut- und Knollenfäule, gelangte höchstwahrscheinlich auf dem Wasserweg in einer Kiste mit infizierten Kartoffeln nach Europa. Zunächst blieb er unbemerkt und erreichte schließlich Irland, das zu damaliger Zeit nicht nur tolle, fruchtbare Böden besaß, sondern auch seit Jahrhunderten von britischen Großgrundbesitzern (hier braucht man nun wirklich nicht zu gendern, es waren natürlich nur Land*herren*) beherrscht und kontrolliert wurde. Knapp drei Viertel der Irinnen und Iren ackerten in der Landwirtschaft auf von den Briten gepachteten Böden. Andere Beschäftigung oder gar Industrie war praktisch nicht vorhanden. Die Kartoffelpflanze mochte nicht nur den irischen Boden, sondern war auch einfach im Anbau und längst Hauptnahrungsmittel der stark wachsenden Bevölkerung – ein kleines Stückchen Land reichte aus, um eine Großfamilie zu versorgen.

So fand *Phytophthora* in Irland nicht nur einen reichlich mit (hauptsächlich zwei Sorten monokulturell angebauten) Kartoffeln gedeckten Tisch vor, sondern auch einen Ort, der mit seinem feuchtkalten Klima und teils starken Winden (gut für die Sporenverbreitung) optimal für die Durchseuchung war. Am 13. September 1845 wurden die ersten Blattsymptome gemeldet.[7] Im Oktober war klar, dass die Ernte quasi vollständig dahin war. In den nächsten vier Jahren wiederholte sich das Trauerspiel. Und während sich viele europäische Länder (der Parasit machte vor Grenzen selbstverständlich keinen Halt) durch Weizenimporte über Wasser hielten, musste die ärmliche Bevölkerung Irlands zuschauen, wie die Briten große Mengen an Nahrungsmitteln nach England verschifften.[8]

Es ist absolut absurd: Während der fünf Kartoffelmissernten war die Insel ein Nettoexportland für andere Lebensmittel. Der Aktivist John Mitchel sprach bald seinen bekannten Satz:

»*The Almighty, indeed, sent the potato blight. But the English created the Famine.*« (»Der Allmächtige sandte die Kartoffelfäule, aber die Engländer schufen die Hungersnot.«)

Nicht weniger als eine Million Ir*innen verhungerten – und etwa zwei Millionen suchten ihr Heil in der Auswanderung.

Die Große Hungersnot *(Great Famine)* war ein Wendepunkt der irischen Geschichte, der bis heute nicht nur Auswirkungen auf die Demografie des Landes hat (siehe Abbildung 4), sondern auch kulturell tief verwurzelt ist. Die Folk-Punk-Band The Pogues besingt in *Thousands Are Sailing* die Schwierigkeiten, in den USA Fuß zu fassen, die Dropkick Murphys legten den traditionellen Folksong *The Fields of Athenry* mit Passagen über die Missernten neu auf, und die irische Sängerin Sinéad O'Connor schrieb ein Lied namens *Famine.*

Bis heute tun sich die beiden Nachbarländer Irland und Großbritannien schwer im Umgang miteinander. Und eine Pflanzenkrankheit hat eine nicht unerhebliche Mitschuld daran. *Remember this,* wenn du das nächste Mal braune Stellen an der goldenen Knolle wegschneidest.

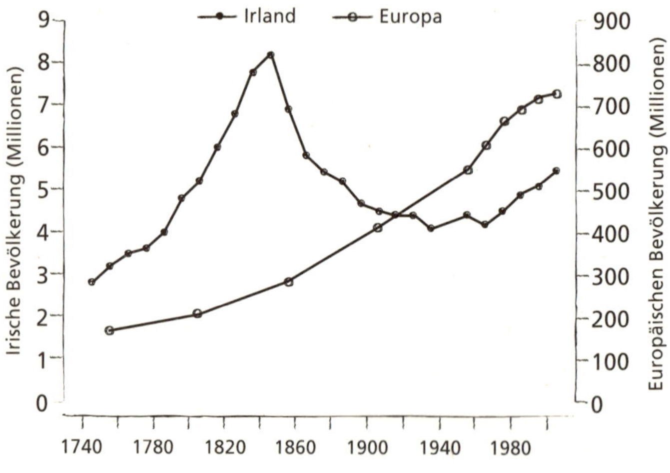

Abbildung 4: Die Große Hungersnot
In der Bevölkerungsentwicklung von Irland ist nach der *Phytophthora-Seuche* in der Mitte des 19. Jahrhunderts ein starker Rückgang zu erkennen, der bis heute nachwirkt.
(Quelle: Wikipedia)[9]

Die Kraut- und Knollenfäule wie auch der Kartoffelkäfer sind übrigens nach wie vor reale Probleme.[10] Generell gilt: Trockenheit und Hitze gefallen dem Sechsbeiner sehr gut, Regen und Kälte begünstigen eher den Befall mit *Phytophthora.* Beiden Schaderregern werden die oben erwähnten (chemischen, aber auch mechanischen) Verfahren entgegengehalten. Heute wissen wir jedoch, dass ein weiterer Faktor einen ziemlich großen Einfluss hat: Welche Kultur wurde vorher auf dem Feld angebaut? Waren es immer nur Kartoffeln oder auch mal Weizen oder Raps? Was ist für das nächste Jahr geplant? Die Fruchtfolge (also die zeitliche Abfolge der auf einer gegebenen Ackerfläche angebauten Kulturpflanzen innerhalb einer Vegetationsperiode und darüber hinaus) hat eine immense Bedeutung, wenn es um die Gesundheit des Bodens geht.[11]

Man muss sich das vorstellen wie eine Schulkantine, nur dass die Schüler*innen die Pflanzen sind und die Mensa mit ihren unterschiedlichen Gerichten der Acker. Damit das Bild funktioniert, müssen alle Kinder übrigens ein klein wenig zwangsneurotisch sein. Sie bestellen jeden Tag das gleiche Essen. Tag um Tag, Woche für Woche. Öde, vor allem für das Personal, das die Arbeitsschritte für jenes Essen schon im Schlaf ausführen kann und die ungenutzten Rezepturen auf unbestimmte Zeit ins Lager verbannt. Wenn allerdings mal eine andere Klasse zu Besuch kommt, werden die Köchinnen und Köche wieder gefordert, sie müssen auf einmal ganz andere Gerichte zaubern, und es werden allerlei neue Zutaten eingekauft. Geschmäcker sind ja bekanntlich verschieden. Die Speisekarte erweitert sich, und auf einmal fühlen sich die ursprünglichen Hungrigen inspiriert, auch mal etwas Neues auszuprobieren. Das Leben blüht förmlich auf in der Mensa. Man unterhält sich angeregt über das vielfältige Angebot, die Produkte sind aufgrund der nun abwechslungsreichen Verarbeitung deutlich frischer, Jung und Alt tummeln sich zusammen im Pausengelage, verschiedene Sprachen werden gesprochen …

Zugegeben, das Szenario ist etwas konstruiert. Aber so ähnlich sieht es auf dem Acker (und im Ökosystem Boden) aus, wenn nach langen Jahren der »Reinkultur« ein Fruchtwechsel endlich mal frischen Wind in den Wurzelraum bringt. Die Fruchtfolge (und ebenso übrigens die Mischkultur, auf die wir noch zu sprechen kommen) sorgt dafür, dass der Erde nicht immer die gleichen Nährstoffe entzogen werden, dass ihr andere auch zugeführt werden, dass Beikräuter sich unwohler fühlen, dass Schädlinge es sich gar nicht erst bequem machen. Dazu kann sie gerade in Zeiten globaler Wetterextreme enorm helfen, den Boden optimal vorzubereiten: In einem schönen, feinkrümeligen Boden (wie ihn tief wurzelnde Nutzpflanzen hinterlassen) kann die Folgesaat gut aufgehen und schnell Wurzeln ausbilden. Die Pflanzen nutzen die tiefen Gänge, die bereits von den krautigen Vormieterinnen gegraben wurden. Das Resultat: saftig-grüne Pflanzen trotz Dürre und globaler Erwärmung (im Idealfall).

Die Düngung kann man sich auf ähnliche Weise sparen (oder mindestens reduzieren), indem als Zwischenmieter Hülsenfrüchte wie Bohnen, Erbsen oder Klee angebaut werden, die in der Liaison mit symbiontischen Mikroorganismen Stickstoff fixieren und im Boden hinterlassen.[12] Außerdem hält ein kreativ bewirtschafteter Boden mehr

Wasser, sodass er sich sogar bei Starkregen wie ein Schwamm vollsaugt und deutlich länger davon zehren kann.

Nicht zuletzt ist die Fruchtfolge in der Landwirtschaft das wohl wirksamste Mittel zur Verwirrung von Schädlingen und Pilzen, die sich fragen: »Huch, war hier nicht letztes Jahr noch Mais?!« Durch eine durchdachte Fruchtfolge können viele Krankheiten gut in Schach gehalten werden (leider nicht die Kraut- und Knollenfäule, da sich die Sporen von *Phytophthora* ja über den Wind verbreiten). Hingegen kann das völlige Ausbleiben von Fruchtfolgen in bestimmten Dauerkulturen (zum Beispiel Wein) nur durch strikte Pflanzenschutzmaßnahmen kompensiert werden, wie du in wenigen Zeilen sehen wirst.

Die gewissenhafte Bewirtschaftung von Land ist also der beste Schutz, den wir haben. Nicht nur gegen verheerende Pflanzenpandemien, sondern auch als Beitrag zum weltweiten Klimageschehen. Die Landwirtschaft spielt in der öffentlichen Wahrnehmung mehr denn je eine Doppelrolle (man könnte auch sagen: sie verbindet eine Hassliebe mit dem Rest der Welt): Sie wird auf der einen Seite als »Klimakiller Nummer eins« verschrien und verflucht, auf der anderen Seite leistet sie aber einen unverzichtbaren Dienst an der Gesellschaft, indem sie nicht nur unsere Nahrung produziert, sondern auch die Flächen hegt und pflegt, die uns noch bleiben. Ein gesunder Acker mit sinnvollen Fruchtfolgen, Biodiversitätszonen, Baumgruppen und Wasserstellen kann in Kombination mit kreativen Ansätzen aus der Forschung nicht nur die Vielfalt erhalten – sondern sogar erhöhen.[13] Denn ähnlich wie in der

Schulkantine ist es der abwechslungsreiche Betrieb, der den Laden am Laufen hält und der für ein florierendes Miteinander sorgt.

Nun wird es aber warm in der Mensa. Und zwar immer schneller. Klar, so viele eifrige Lernende schwitzen und stinken ganz schön. Es ist aber keine Option, die Kantine einfach aufzugeben. Kann mal jemand das Fenster öffnen? Die Landwirtschaft hat zweifellos einen Einfluss auf das Klima. Und das Klima hat einen unmittelbaren Einfluss auf die Landwirtschaft.[14]

Ein wichtiger Faktor neben der Landnutzung ist die Anwendung von Pflanzenschutzmitteln, die in diversen Formen (Herbizide gegen Beikraut, Fungizide gegen Pilze, Insektizide gegen …) nicht nur in der breiten Öffentlichkeit diskutiert werden. Tatsächlich wäre es ziemlich gut, wenn man zum Beispiel die Spritzungen von chemischen Mitteln so weit wie möglich reduzieren könnte, um neben der Belastung für die Umwelt auch gleich noch den Energieaufwand für die Herstellung der Mittelchen, die Spritkosten für den Trecker und die Verdichtung des Bodens durch häufige Überfahrten zu verringern. Genau hier setzt der »integrierte Pflanzenbau« an. Frei nach dem Motto »So wenig wie möglich, so viel wie nötig« wird im integrierten Pflanzenschutz die Ausbringung von Spritzmitteln auf ein notwendiges Maß[15] minimiert. Das klappt nicht jedes Jahr gleich gut. Wie du vielleicht mitbekommen hast, war das Klima in den letzten Jahren sehr wechselhaft, oft zu trocken, dann wieder zu feucht, sodass die Pflanzen mehr Zuwendung (in Form von Schutzmitteln) brauchten. Außerdem kann man nicht für jede Kultur pauschal einen Richtwert für die Behandlungshäufigkeit ansetzen.

Um das Ganze etwas greifbarer zu machen: Es gibt ein quantitatives Maß zur Beschreibung der Aufwandmengen (oder Überfahrten mit dem Traktor zur Ausbringung von Schutzmitteln), das seit einigen Jahren deutschlandweit erhoben wird: der sogenannte Behandlungsindex (BI).[16] Die zuständige Bundesbehörde, das Julius-Kühn-Institut, sammelt und analysiert dazu die Daten aus einem Netzwerk von Vergleichsbetrieben, veröffentlicht jährlich einen Bericht mit den kulturspezifischen Behandlungsindizes, vergibt dann Schulnoten im Hinblick auf die Einhaltung des notwendigen Maßes. Ohne hier zu sehr in die Details zur Berechnung zu gehen, kannst du dir das in etwa folgendermaßen vorstellen: Der BI gibt an, wie oft und in welcher Menge (ein) Pflanzenschutzmittel auf einer gegebenen Fläche ausgebracht wurde.[17] Damit du ein Gefühl dafür kriegst, was denn ein notwendiges Maß sein könnte, folgt hier die offizielle Definition:

»Das **notwendige Maß** [...] beschreibt die Intensität der Anwendung von Pflanzenschutzmitteln, die notwendig ist, um den Anbau der Kulturpflanzen, besonders auch vor dem Hintergrund der Wirtschaftlichkeit, zu sichern. Dabei wird vorausgesetzt, dass alle anderen praktikablen Möglichkeiten zur Abwehr und Bekämpfung von Schadorganismen ausgeschöpft und die Belange des Verbraucher- und Umweltschutzes sowie des Anwenderschutzes ausreichend berücksichtigt werden.«[18]

Aha, okay. Und wie ist jetzt die aktuelle Situation? Ich habe hier mal die Behandlungsindizes für einige Kulturen und das Jahr 2020 herausgesucht, damit wir uns anhand von konkreten Beispielen unterhalten können (siehe Abbildung 5).

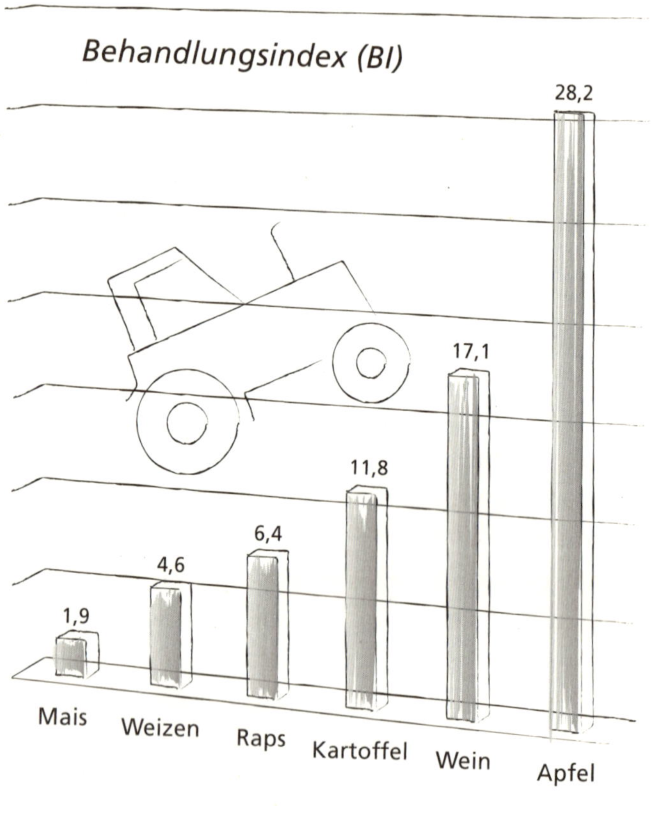

Abbildung 5: Behandlungsindizes verschiedener Kulturen für das Jahr 2020
Gezeigt ist jeweils der Gesamtindex als Maß der Intensität des Pflanzenschutzmitteleinsatzes in einer Saison. (Quelle: Julius-Kühn-Institut)[19]

Wie ich finde, ist bei näherer Betrachtung der Daten einiges doch eher überraschend. Oder hättest du gedacht, dass der so oft als »böse« wahrgenommene Mais auf einen BI von nur 1,9 kommt, während unsere heiß geliebte Kartoffel – die Lieblingskultur der Deutschen! – bei einem stolzen BI von 11,8 landet? Das ist ein ganz schöner Batzen Pflanzenschutzmittel – und selbst zwei Jahrhunderte nach der Großen Hungersnot in Irland immer noch hauptsächlich auf Fungizidbehandlungen gegen die Kraut- und Knollenfäule zurückzuführen.[20] (Im Hochwasser- und Regenjahr 2021 wird der BI vielleicht noch höher gelegen haben, zum Zeitpunkt der Recherche waren jedoch noch keine aktuellen Daten auf der JKI-Webseite zu finden.)

Weizen und Raps sind eher im Mittelfeld unterwegs. Schaue ich mir dann aber im Vergleich dazu die Dauerkulturen Wein und Apfel an, bleibt mir ehrlich gesagt die Spucke weg. Der gute deutsche Markenwein kam 2020 auf einen Behandlungsindex von siebzehn, das landesweit meistgeliebte Obst sogar auf knapp dreißig. Respekt! Die Berechnung ist wie gesagt etwas komplizierter, sodass ein BI von 30 nicht unbedingt 30 Überfahrten bedeuten muss (aber durchaus kann). Dennoch ist es nicht wegzudiskutieren, dass Müller-Thurgau, Elstar und Co. zu den Sorten gehören, die wir am allermeisten chemisch aufpeppen müssen.[21] Sie sind über die Jahre so anfällig gegenüber Krankheiten geworden, dass wir sie ohne Mittelchen schlicht nicht mehr in gleichbleibender Qualität kultivieren könnten. Das liegt übrigens nicht nur an der fehlenden Fruchtfolge, sondern vor allem daran, dass die »etablierten« Sorten einfach steinalt sind. Der Mehltaupilz und seinesgleichen hatten viele Jahrzehnte Zeit, um in aller Seelenruhe sämtliche Resistenzen zu knacken.[22] Die traditionsreichsten Weine mit den höchsten Preisen sind auch die, die im Anbau die größten Mengen an Pflanzenschutzmitteln benötigen. Und wir tragen hier mit unserem Konsumverhalten eine nicht unerhebliche Mitschuld: Winzerinnen und Winzer schmeißen ihre Favoriten nicht so einfach aus dem Sortiment und probieren neue Sorten aus (egal, wie viel nachhaltiger sie auch sein mögen). Nicht, solange es »Traditionsweine« gibt und ihre Liebhaberinnen und Liebhaber so wählerisch bei der Wahl ihres alkoholischen Traubenferments sind.

Kurzer Anhang zum Thema Behandlungsindex: Der BI als Parameter ist auch in Fachkreisen nicht unumstritten. Grund hierfür ist die Tatsache, dass er nur die Anzahl der genutzten Mittelchen abbildet, nicht aber die Anzahl der tatsächlich enthaltenen Wirkstoffe. Das heißt im Klartext: Wenn ich ein Kombipräparat mit drei Wirkstoffen ausbringe, komme ich trotzdem nur auf einen BI von 1. Deshalb kann im Einzelfall die Wahl des Pflanzenschutzmittels den BI verfälschen. Die Datenerhebung ist da noch nicht perfekt, es gibt noch Luft nach oben.

Dennoch ist es zunächst mal begrüßenswert, dass überhaupt Bestrebungen nach einem nachhaltigeren Einsatz von Pflanzenschutzmitteln zu erkennen sind. Das ist längst nicht überall so. In der Öffentlichkeit wird dafür trotzdem nicht gerade laut applaudiert. Wieso auch? Die bloße Anerkennung der Notwendigkeit von ackerbaulichen Maßnahmen, Düngerausbringung und Pflanzenschutzverfahren ist in den Medien (und der öffentlichen Wahrnehmung) praktisch nicht vorhanden. Während in

Forschung und Landwirtschaft Tätige sich in ihrer täglichen Arbeit damit beschäftigen, wie all das in Zukunft weitergehen kann, effizientere Verfahren entwickeln und optimieren, was das Zeug hält – ist Pflanzenschutz für einen Großteil der Bevölkerung schlicht unnötig.[23]

Das führt uns nach Berlin und zu den Protesten der Bäuerinnen und Bauern im Herbst 2019.[24] Vielen Menschen kam es im Wesentlichen so vor, als veranstalteten die Landwirtinnen und Landwirte Anti-Klimademo-Demos. Tatsächlich gingen sie auf die Straße, weil sie unter anderem mit den weitreichenden Umwelt-, Natur- und Tierschutzbestrebungen der Agrarpolitik nicht einverstanden waren. Nicht der Schutz der Umwelt an sich stand hier zur Debatte, sondern vielmehr die Darstellung der Betriebe als alleinige Problemverursacher und Problemlöser einer globalen Krise. Sie bemerkten und bemängelten, dass immer mehr Entscheidungen über die Landnutzung zwar zugunsten des Klimas, jedoch über ihre Köpfe hinweg gefällt würden. Und das ist so noch zu kurz gefasst. Immer mehr Verbote für Pflanzenschutzmittel sowie zunehmende Auflagen (beispielsweise zur Düngerreduktion und Einrichtung von Blühstreifen am Ackerrand)[25] machen es immer schwieriger, die teils enorme Ertragsmesslatte zu halten.

Na klar, blühende Ackerränder sind schön und sinnvoll, die Flächen könnten aber genauso gut für ein paar Kilogramm mehr Ernte (und ein paar Euro mehr Umsatz) genutzt werden. Wirtschaftliches Interesse wird hier zum Vorwurf gemacht – dabei ist es in Wahrheit die Lebensgrundlage vieler Betriebe, die auf dem Spiel steht. Wir leben immerhin in einer Gesellschaft, in der ohne Moos nix los ist. Die Landwirtinnen und Landwirte sehen sich im Stich gelassen – von der Politik, aber auch von der Gesellschaft, die mehr und mehr den Anschluss an ihre Arbeit zu verlieren scheint. Mit Parolen wie »Wir machen euch satt« oder »Ist Bauernstille euer Wille?« werben sie um mehr Wertschätzung für ihre Arbeit und den politischen Mut, endlich auf der Basis wissenschaftlicher Erkenntnisse wirtschaften zu dürfen.

Der Politik wiederum kann man vorwerfen, mit ihren Gesetzespaketen vor allem den Forderungen der Verbände nach mehr Natur- und Tierschutz gerecht werden zu wollen. Dazu wurden diverse Verfahren von der Liste gestrichen und die eigentlichen Anwender*innen auf deutschen Äckern quasi alternativlos zurückgelassen. Bei den sogenannten Neonicotinoiden, einer Klasse von hochwirksamen Insektiziden, war ein schrittweises Verbot sicherlich eine gute Idee, da diese in mehreren Studien weitreichende negative Effekte auf Nichtzielorganismen gezeigt hatten.[26] Bei anderen Wirkstoffen verlief die *Cancel Culture* eher willkürlich. Die zunehmend strengeren rechtlichen Rahmenbedingungen zwingen viele Betriebe dazu, mangels Erlöses aufzugeben. Wie man es auch dreht: Die Motivation hinter der Ausarbeitung der Agrarpakete war wahrscheinlich gut und richtig, die Ausführung in Form von Einbußen und Misskommunikation mit einer ganzen Berufsgruppe eher mangelhaft.

Man merkt vielleicht, dass ich in dieser Debatte irgendwie zwischen den Stühlen sitze. Einerseits muss Landwirtschaft einfach nachhaltiger werden, um Biodiversität, Ressourcen und gesunde Böden auch für zukünftige Generationen parat halten zu können. Andererseits können wir nicht erwarten, dass eine einzige Berufsgruppe diese Mammutaufgabe allein löst (und sich dabei wirtschaftlich ruiniert). Wenn wir es ernst meinen mit dem Klimaschutz, müssen wir bereit sein, mehr für unsere Lebensmittel zu zahlen, das ist klar. Egal ob kleiner Hof oder großer industrieller Betrieb – alle wären bei »bio« sofort dabei, wenn es sich denn rechnen würde.

Leider kauft aber nicht mal ein Viertel von uns regelmäßig entsprechende Produkte ein,[27] sodass sich eine Umstellung bisher einfach nicht für alle lohnt. Dazu kommt das Dilemma mit dem höheren Flächenverbrauch (siehe oben). Oft hört man auch das Argument, es gebe doch längst genug zu essen auf der Welt und das Ganze wäre nur ein Verteilungsproblem. Und das stimmt. Die Netto-Kalorienproduktion reicht locker, um alle Menschen satt zu machen – in der Theorie.[28] Aaaaber (da wir in einem späteren Kapitel noch genauer darauf zu sprechen kommen, hier nur ein kleiner Teaser): Kalorien sind nicht alles, es kommt auch auf die Qualität, die Mikronährstoffe, in unserem Speiseplan an. Auch aus logistischen Gründen ist das Verteilungsproblem nicht einfach so ohne Weiteres zu lösen. Nachhaltiger wäre es, wenn in den ärmeren Regionen der Welt, oder solchen mit schwer bestellbaren Böden, lokale Lösungen für robuste, regionale Agrarsysteme gefördert würden.

Es gibt eine ganz grundlegende Einstellung gegenüber der Landwirtschaft, die hier außerdem noch reinspielt. Ein Narrativ, das von Ökoverbänden oft genauso angeführt wird, um ihre Prinzipien zu unterstreichen, wie von ökokritischen Stimmen, um dieselben Ideale infrage zu stellen. Die Rede ist von der Natürlichkeit. Unser Verständnis von »natürlichen« Lebensmitteln und Produkten liegt (je nach Standpunkt) erstaunlich weit auseinander und hat oftmals gar nicht mal so viel mit Nachhaltigkeit zu tun. Wenn wir uns in einer ruhigen Minute mit unserem Spinatauflauf besinnen und darüber nachdenken, dass Landwirtschaft (und Gärtnern!) immer ein Eingriff in irgendeinen Lebensraum ist, müssen wir uns dann nicht eingestehen, dass es den Bauernhof als Naturidyll in der Form nicht gibt – und womöglich nie gab?

KAPITEL 5
Natural Birn' Killers

Über unser fast schon schizophrenes Verhältnis zum hauseigenen Garten

Zutaten Shakshuka
800 g Tomaten
2 rote Paprika
1 Zwiebel
3 Knoblauchzehen
1 Chilischote
3 EL Tomatenmark
1 TL Kreuzkümmel
4 Eier
Olivenöl
Salz

»Die Möhren wachsen im Gebeet!« war nicht nur die schöne Antwort eines Kindes auf meine Frage, wo denn das karotinhaltige Gemüse herkomme, sondern bringt auch unsere manchmal regelrecht religiöse Haltung zum eigenen Garten zielgenau auf den Punkt.

Es gibt wohl keinen Ort der Welt, an dem wir mehr das

Gefühl haben, die grüne Seele baumeln lassen und trotzdem Herrin oder Herr der Lage sein zu können. Der Leipziger Arzt Daniel Gottlob Moritz Schreber (1808–1861), der den bekannten Kleingartenkolonien seinen Namen hinterließ, die wiederum das moderne *Urban Farming* inspirierten, hatte mit Selbstversorgung herzlich wenig am Hut. Vielmehr war er ein psychotischer Kinderschreck, der dem »Idealmenschen« mit gruseligen orthopädischen Apparaturen und dem Streben nach »Selbstveredelung« nachfieberte.[1] Das offensichtlich einzige gemeinsame Ziel dieses Tyrannen und der heutigen städtischen Gartenfreunde: Junge Körper sollen gefälligst in Reih und Glied stehen, in guter Form bleiben und gesund wachsen – nur, dass das bei Pflanzen deutlich weniger problematisch betrieben werden kann. Glück gehabt.

Unser Verhältnis zu »der Natur« ist wirklich kurios, interessant und oft witzig. Wir wollen im Grünen sitzen – aber bitte ohne lästiges Viehzeug! Wir essen gern Bioprodukte – doch gefälligst ohne Fraßstellen! Wir suchen das Abenteuer in »der Wildnis« – allerdings nur mit Rückflugticket nach FFM und Smartphone für alle Eventualitäten in der Tasche. Im Hausgarten verwirklichen wir unsere ganz eigene Vorstellung davon, wie Natur auszusehen hat … und kommentieren mürrisch die Umsetzung beim Nachbarn, die ja mal so gar nicht geht. Dabei hat wohl kein einziger Garten in der Republik etwas mit Natur gemein. Man kann höchstens versuchen, ihr so nah wie möglich zu kommen. Es gibt viele gute Bücher darüber, wie man einen Garten anlegt, am Leben hält, bewirtschaftet und pflegt. Hier möchte ich euch einladen, die eigene

Grünanlage einmal durch die Augen eines Pflanzenforschers zu betrachten.

Ein Garten ist ja im Grunde ein kleiner privater Acker. Ein Experimentierfeld, auf dem es kleine und große Dramen gibt. Ein Ort der Glücksgefühle, Ernteausfälle und Liebesgeschichten. Der Treffpunkt für Haustierbeerdigungen, Sonnenbrände, Bienenstiche, Bienenstichkuchenverkostungen; ein Platz der Ruhe und Einkehr, aber auch der Motorengeräusche und eine Spielwiese für den manchmal lachenden, manchmal weinenden Nachwuchs.

Wenn wir in unseren Garten gehen, haben wir direkt das Gefühl: »Es ist okay, dass ich hier bin. Hier darf ich einfach sein!« Nur dass wir uns dieses Gefühl manchmal echt hart erarbeiten müssen. Denn vielleicht kennt ihr ja auch den Gartenstress, der aufkommt, wenn man sich einmal von der Sonnenliege aus umsieht (»Hier könnte mal wieder gemäht werden. Der Baum braucht 'nen Rückschnitt. Mist, überall Schnecken«). Staatsfeind Nummer eins ist meist das »Unkraut«, das uns in Form von Löwen zahn, Distel und Giersch begegnet. (Kleiner Einschub zum Giersch: *Aegopodium podagraria*, deutsch etwa »fußgichtheilendes Ziegenfüßchen«, werden heilende Superkräfte nachgesagt, die leider nicht belegt sind. Aber man kann ihn auf jeden Fall essen! Die jungen Triebe peppen jeden Salat auf. Wer ihn im Garten aussamen lässt, wird ihn wohl nie wieder los.)

Gegen das Spontangewächs gehen wir mit einer ganzen Bandbreite von Lösungsansätzen vor, die von totalitär (ich schütte alles mit Kies zu und lass nur meine Hecke in Form einer Ente stehen) bis fast anarchistisch (ich ergebe mich und lasse »der Natur freien Lauf«) reichen. Auch fürchten Rosenliebhaber*innen und Fans von Kürbisgewächsen gleichermaßen den Mehltau, diese fiese Pilzkrankheit, die wie Kreide auf den Blättern liegt und in Wahrheit von vielen verschiedenen Erregern verursacht wird.[2] Abschneiden von befallenen Pflanzenteilen, Einsprühen mit Milch oder mit in Wasser gelöstem Backpulver, Gebete und Opfergaben an den mehligen Donnergott, auch hier werden wir kreativ – die Krankheit kommt trotzdem jedes Jahr wieder. Ähnlich verhält es sich mit Läusen, Nacktschnecken und Randale-Amseln. Was ich hier schlussfolgern will: Unser Garten ist einerseits ein Ort des Nichtstuns, andererseits braucht er immer und ständig unsere »Hilfe«. Er ist einerseits Hoffnung, andererseits Verzweiflung. Unser kleiner Urlaub von jeglichen Verpflichtungen des Alltags – aber auch ein stetes Ringen, verbunden mit dem Gefühl, gebraucht zu werden.

Dabei müssen Gärtner*innen sich die Expertise zum vernünftigen Ringen in langjährigen Experimenten selbst aneignen. Das kann manchmal recht ulkig sein, wenn das Kleingedruckte nicht richtig gelesen wird: Eine Freundin wunderte sich neulich, warum alle Balkonpflanzen so triefend nass waren, nachdem ihr Mann sich ein paar Tage gekümmert hatte. Das darauffolgende Gespräch verlief in etwa so:

Sie: »Hast du die Pflanzen ertränkt?«

Er (guckt auf das Pflanzenetikett): »Hier steht ›massig‹ gießen. In Großbuchstaben.«

Sie (schaut nach): »Da steht ›mäßig‹ gießen. Das bedeutet das Gegenteil.«

Er: *gibt deutsche Sprache auf*

In der Anzucht vor allem von Jungpflanzen kann so einiges schieflaufen. Sind aber beispielsweise die empfindlichen Tomatenpflänzchen erst einmal aus dem Gröbsten heraus, belohnen sie uns bei guter Pflege mit üppigem Wachstum, dem charakteristischen Duft und prallen Früchten. Es reichen in der Regel schon fünf bis sechs große Fleischtomaten für eine ordentliche Portion des traditionellen Shakshuka aus, das vor allem in Israel zu jeder Tageszeit gegessen wird (auch zum Frühstück) und wirklich ein Gedicht ist. Zusammen mit Zwiebel, Knoblauch, Tomatenmark und den Nachtschattenschwestern Paprika und Chili werden die grob gehackten Tomaten angebraten und mit Salz und Kreuzkümmel gewürzt. Wenn man nach ein paar Minuten eine dickflüssige, duftende Suppe vor sich hat, werden mithilfe eines Löffels vier Mulden geschaufelt und in jede wird ein Ei hineingeschlagen. Deckel drauf und bei mittlerer Hitze etwa zehn bis fünfzehn Minuten gespannt warten. Dann Deckel lüften, sofort die Nase über die Pfanne halten und kurz high vor Glück werden. Sobald das Ei halbwegs gestockt ist, das Shakshuka auf vier Schälchen verteilen und mit etwas Fladenbrot oder Joghurt servieren. Könnte ich jeden Tag essen. Und es ist schon auch ein schönes Gefühl, dass es »nur« einen Gemüsegarten und ein paar Hühner daneben braucht, um dieses Gericht praktisch täglich essen zu können, ohne einkaufen zu gehen. Na gut, Olivenöl und Salz kauf ich schon noch.

Will man Tomaten anbauen, kauft man üblicherweise im örtlichen Baumarkt oder im Biohandel ein Tütchen mit zehn Samen, das im Schnitt drei Euro kostet. Ein Tomatensamen wiegt durchschnittlich etwas mehr als 0,003

Gramm (drei Milligramm). Ein einzelnes Körnchen kostet demnach 3 € ÷ 10 = 0,3 €, was einen Preis von 0,3 € ÷ 0,003 Gramm = 100 € pro Gramm ergibt. Zum Vergleich: Der Goldpreis liegt, während ich an diesem Manuskript sitze, bei um die 49 Euro pro Gramm.[3] Es wäre also deutlich billiger, wenn wir anstelle von Tomatensaatgut Gold im Garten verbuddeln würden.

Das Coole an Pflanzen ist aber, dass sie sich im Gegensatz zu Edelmetallen selbst vermehren. Aus jedem winzigen Tomatenkern wächst ein Kraut, das im Spätsommer – je nach Sorte – Fluten kleiner oder großer, gelber oder roter, länglicher oder kugelrunder Früchte für uns abwirft. In meinem kleinen Gewächshaus waren beispielsweise Fleischtomatensorten mit so schönen Namen wie Tschernij Prinz und Black Krim vertreten, von denen die schwerste bestimmt über ein halbes Kilogramm auf die Waage gebracht hat. Außerdem konnte ich aus einer einzelnen Tomate ziemlich easy fünfzig neue Samen für die nächste Saison herauspulen – samenfeste Sorten machen's möglich (siehe Kapitel 2)! Wenn ich das also für meine vier Pflanzen einmal hochrechne, die in der Saison im Schnitt zwanzig Früchte getragen haben, komme ich auf 4 × 20 × 50 = 4000 Samen, die ich theoretisch hätte ernten können (das Massaker habe ich dem Gemüse erspart). Und davon könnte ich (jetzt ganz hypothetisch) vierhundert Tütchen mit je zehn Korn abpacken und vor meiner Haustür verkaufen, sagen wir, etwas günstiger als im Baumarkt, für 2,50 € … damit müsste ich dann 400 × 2,50 € = 1000 € Gewinn machen! WAAAAH, ICH BIN REICH! !!1elf! Ganz nebenbei könnte ich die Tomaten auch noch verkaufen beziehungsweise den Kauf anderer Tomaten einsparen.

Na gut, nicht alle legen sich einen Garten nur zur Selbstversorgung mit Obst und Gemüse an. Ziemlich sicher kann man mit selbst gepflanzten Rosen ebenfalls gutes Geld machen, wenn man sich nur einmal die absurden Preise für Schnittblumen vor Augen führt. (Allein die Deutschen geben pro Jahr über einhundert Euro für Zierpflanzen und Schnittblumen aus.[4] Das entspricht einem spektakulären Gesamtumsatz von knapp neun Milliarden Euro!) Andere machen mit Pflanzen Bares, die zur feierabendlichen Entspannung beitragen können … Ein guter Kumpel hat nur einen kleinen Balkon, aber darauf zieht er ein ganz besonderes Pflänzchen, das er liebevoll als »Brennnessel« umschreibt. Das findet man oft als Aufdruck auf Feuerzeugen. Mit den getrockneten Blüten könnte man garantiert auch einen ordentlichen Reibach machen (was er natürlich nicht tut).

Ganz gleich, ob Gemüsegarten, Blütenparadies oder eine Armee von Topfgewächsen, wir Gärtnernde schenken dem kleinen Stückchen Grün einen nicht unerheblichen Teil unserer Lebenszeit. Dafür bekommen wir *Quality Time* zurück, die wohl mit keinem Geld der Welt zu bezahlen wäre. Wir ringen mit der Natur um den Erhalt einer gewissen Ordnung, und gleichzeitig – und das ist neu! – ringen wir gemeinsam mit unserem Garten gegen die (klimatischen) Veränderungen in der Welt. Wir hören und sehen in den Medien täglich neue Rekorde in Sachen Artensterben, globale Erwärmung oder Naturkatastrophen. In unserem Garten haben wir das Gefühl, unseren Teil zu einer etwas besseren Welt beizutragen, indem wir Insektenhotels aufhängen, den Rasen auch mal wachsen lassen und alte Apfelbäume pflegen. Dieses Gefühl ist auch berechtigt – solange wir uns in allen sonstigen Lebensbereichen ebenfalls um Suffizienz bemühen (das ist ein Begriff aus der Nachhaltigkeitsforschung, der sämtliche Arten von Konsumreduktion und Verzicht umfasst, die zu einem maßvollen Umgang mit Ressourcen und Energie führen können[5]).

Der Gedanke, dass ein naturnaher Garten allein zu einer nachhaltigeren Lebensweise führt, ist leider zu eindimensional gedacht. Dass die Hintergärten deutscher Wohnhäuser allerdings wirklich einen Einfluss *(Impact)* haben könnten, offenbart sich, wenn wir einmal gemeinsam über die folgende Abbildung grübeln.

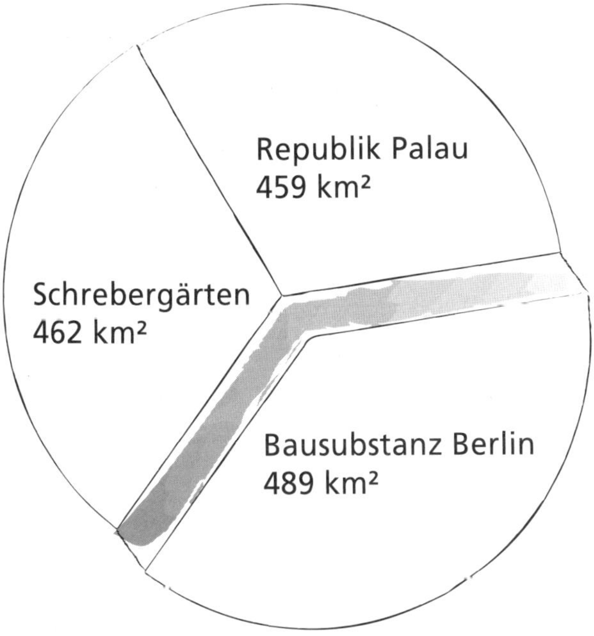

Abbildung 6: Fläche ist gleich Fläche?
Die Gesamtheit der deutschen Schrebergärten, der Inselstaat Palau und die bebaute Fläche Berlins kommen auf eine vergleichbare Größe.

Es gibt (je nach Quelle) um die drei bis fünf Millionen Kleingärtnerinnen und Kleingärtner in Deutschland.[6] Allein die Schrebergärten, die bundesweit in etwa fünfzehntausend Vereinen organisiert sind, machen zusammen eine Fläche von 462 Quadratkilometern aus. Zum Vergleich: Die Fläche des Inselstaats Palau im Pazifischen Ozean ist etwa gleich groß, während das Bundesland Berlin auf 892 Quadratkilometer kommt.[7] Schaut man sich nur die bebaute Fläche der deutschen Hauptstadt an, so landet man bei etwa 489 Quadratkilometern. Also ist die Flächennutzung, oder der *Land Use,* aller Gärten in Deutschland rein von den Dimensionen her gut vergleichbar mit derjenigen der Südseenation (bestehend aus 356 Inseln) oder mit allen Häusern und Straßen in Berlin. Was sagt uns das jetzt?

Nun, zugegeben: Ich habe diese drei Beispiele etwas mühselig herausgesucht, damit die Daten im Diagramm gut und intuitiv vergleichbar sind. Aber lasst uns trotzdem weiterdenken, dazu sind wir doch schließlich hier! Man könnte Palau mit seinen unzähligen ökologischen Nischen, Naturschutzzonen und Mikrokosmen als das eine Ende der Biodiversitätsskala sehen, während Quadratisch-praktisch-gut-Berlin eher am anderen Ende zu verorten ist. Auf der einen Seite finden sich Korallenriffe, Salzwasserkrokodile und das weltweit erste Schutzgebiet für Haie[8], auf der anderen versiegelte Flächen und ein ziemlich dreckiger Fluss. Natürlich gibt es im Berliner Stadtgebiet grüne Fleckchen (Erholungszonen, Wasserflächen, Baumbestände und ein bisschen Landwirtschaft), aber die vernachlässigen wir hier mal als nicht bebauten Teil der City. Irgendwo in dieser ökologischen Spanne zwischen Südseeinseln und Betonwüste befinden sich unsere Gärten. Ob sie im Einzelnen eher zur einen oder zur anderen Seite tendieren, liegt in unserer Hand.

Die verschiedenen Modelle der gärtnerischen Selbstverwirklichung – von der Kiesfläche bis zum Wildwuchs – haben wir schon besprochen. Es gibt aber noch einen weiteren Aspekt in diesem fingierten Vergleich, der hier spannend sein könnte: Stellt euch eine Deutschlandkarte vor, auf der die Kleingärten als winzige Pünktchen über das gesamte Bundesgebiet verteilt sind. Jeder einzelne ist umgeben von Straßen, Feldern oder Häusern. Aber in ihrer Gesamtheit bilden sie ein regelrechtes Netzwerk von Oasen, in denen die Natur – ganz ähnlich wie auf den palauischen Inseln! – mehr oder weniger Zuflucht finden kann. Weil wir hier über das Leben an Land reden, sind die Wassermassen zwischen den Inseln ebenso große Barrieren wie die betonierten Teile unserer Nation. Hier wie dort können Flora und Fauna gewisse Durststrecken überwinden, sich ausbreiten und sogar evolutionär anpassen – solange es regelmäßig Fleckchen gibt, wo man sich niederlassen kann. (Stichwort »adaptive Radiation«, ihr kennt sicherlich das Beispiel mit den Darwinfinken auf den Galapagosinseln?[9] Kurz: Jede Unterart hat sich auf eine etwas andere Ernährungs- und Lebensform spezialisiert und so Insel für Insel, Nische für Nische erobert.)

Auf eine ähnliche Weise kannst du (in etwas kleinerem Maßstab) eine Stadtkarte von Berlin vor dem geistigen Auge aufrufen und dir die Dächer aller Häuser als potenzielle Großstadt-Oasen vorstellen. Noch mal: Die Fläche ist dieselbe! Nur während Palau noch halbwegs intakt ist (den dramatisch ansteigenden Meeresspiegel mal ausgenommen), sind Städte mit Gebäudereihen ökologische Todeszonen, die wir ohne Alternativen in die Landschaft geworfen haben. Das muss nicht sein! Es ist nicht so schwer, Dächer und Fassaden sinnvoll zu begrünen, und an vielen Stellen wird hier schon tatkräftig gedacht und getüftelt.[10] Dazu kommen wir aber später noch, wenn wir uns Gedanken über das *What next?* machen. An dieser Stelle reicht zunächst die Erkenntnis, dass wir als Gartenbesitzende eine gewisse Verantwortung tragen, und zwar in einem vergleichbaren Ausmaß (ha!) wie Entscheidungsträger*innen bei der Städteplanung und beim Erhalt von Ökosystemen.

Unsere Gärten sind also nicht nur unser persönlicher Rückzugsort, sondern im Grunde die Blühstreifen der Städte. Wenn wir einige Ecken im Garten einfach sich selbst überlassen (Totholzhaufen, Kompost, Wildkräuter, Tümpel etc.), kreieren wir kleine Oasen auf der Karte der Umgebung. Trotzdem können wir nachhelfen, indem wir eine gewisse Vielfalt in diesen Bereichen sichern, damit nicht eine Handvoll Arten die Überhand gewinnt. Na klar, es kommt auch darauf an, was die anderen machen. Es hilft nur wenig, wenn du als Einzige*r in der Nachbarschaft ein klein wenig Kontrollverlust zulässt. Aus der Vogelperspektive betrachtet haben wir alle unseren Teil dazu beizutragen, dass die Oasen schön gleichmäßig verteilt aufploppen, und jede zusätzliche ist ein Gewinn.

Dabei sollten wir aufpassen, uns selbst nicht zu wichtig zu nehmen. Jede Gärtnerin und jeder Gärtner sammelt eigene Erfahrungen im ganz persönlichen Mikrokosmos, die nicht für nebenan genauso gelten müssen. Also, um es im Podcaster-Jargon zu sagen, seid lieb zueinander! Tauscht euch aus, sammelt gemeinsam Erfahrungen, lernt voneinander und bepflanzt jedes Stückchen Land, das in eurem Stadtviertel noch zu finden ist. (PS: Natürlich ist das hier vorgeschlagene Szenario nur eine Maßnahme zur Symptombehandlung und löst keineswegs das Grundproblem der spektakulär zurückgehenden globalen Fläche der »funktionierenden« Ökosysteme. Auch dazu mehr in späteren Kapiteln.)

Möglicherweise habe ich mich jetzt etwas vom Thema Pflanzenforschung entfernt (ups). Auf unserer Suche nach »Natürlichkeit« hilft es aber sicherlich, gelegentlich etwas größer zu denken. Und jetzt ist, denke ich, auch klar, dass wir auf unserem eigenen Experimentierfeld zwar irgendwie gegen die Natur arbeiten, aber trotzdem mit ihr zusammen, wenn man das große Ganze betrachtet. Wie bei einem richtigen Acker nehmen wir mit unserer Gartengestaltung direkt Einfluss auf die Umgebung und erleben nicht nur Bedrohungen in Form von Schädlingen (ja, ich weiß, das ist nun mal mein Lieblingsthema), sondern auch die Unplanbarkeit des Wetters.

Anders als bei Schaden durch Lebewesen (»biotischer Stress«), stehen wir bei Trockenheit, Hitze und Frost (»abiotischer Stress«) oft ziemlich hilflos da. Im Gegensatz zu einem echten landwirtschaftlichen Betrieb können wir an heißen Tagen ja immerhin noch gießkannenweise Abhilfe schaffen. Bei Spätfrösten wickeln wir Mamas liebste Alpakadecke um den neu gesetzten Birnbaum oder zünden eine kleine Kerze im Gewächshaus an, um die Temperatur ein wenig zu erhöhen. Bei zu geringen Niederschlägen oder zu niedrigen Temperaturen können wir so zumindest ein wenig nachhelfen. Anders sieht es jedoch bei *zu viel* Regen aus.

Während ich an diesem Buch schrieb, verzeichneten wir in meiner Heimat Nordrhein-Westfalen die Hochwasserrekorde des Jahrhunderts. Tausende waren ohne Strom, Hunderte sind umgekommen.[11] Aber nicht nur Menschen waren in Not. Auch unsere Kulturpflanzen soffen ab. Natürlich war das erst mal weniger dramatisch als die Bilder von zerstörten Häusern und vollgelaufenen Kellern. Aber die Folgen dieser Katastrophe bedeuteten für viele Landwirt*innen im Jahr 2021: Die ganze Arbeit eines Jahres war dahin. Nach drei Jahren mit bedrohlicher Trockenheit war innerhalb weniger Tage das andere Extrem gekommen. (Insgesamt fiel übrigens trotzdem unterdurchschnittlich viel Regen, weshalb auch das Jahr 2021 als Dürrejahr – das vierte in Folge – verbucht wird.)[12] Getreide, das kurz vor der Ernte stand, knickte im Starkregen um und vergammelte in der Staunässe, die der Boden schlicht nicht mehr aufnehmen konnte. Die Verwüstung erschwerte den Ernteprozess, der in dieser Saison deutlich weniger effizient ablaufen konnte. Wer aufgrund des drohenden Unwetters vorsorglich abgeerntet hatte, musste gegebenenfalls ebenfalls Verluste in Kauf nehmen, wenn der Reifeprozess noch nicht abgeschlossen war. Knollen- und Wurzelgemüse standen im eigenen Saft, erstickten förmlich unter der Erde und waren so noch anfälliger für biotischen Stress. Um beim bekannten Beispiel aus Kapitel 4 zu bleiben: Die Kraut- und Knollenfäule liebt es feucht und breitete sich munter auf unseren ohnehin schon geschwächten Feldern aus.

Ein ähnliches Bild zeichnete sich auf den »privaten Äckern« ab. In den Kleingärten hier bei mir um die Ecke waren über achtzig Prozent der Tomatenpflanzen betroffen. (Zur Erinnerung: *Phytophthora* befällt nicht nur Kartoffeln, sondern auch eine Reihe von anderen Nachtschattengewächsen oder *Solanaceae,* unter anderem eben Tomaten.) Es war kein besonders tolles Gartenjahr. Aber die Ereignisse im Ahrtal und anderen Landkreisen, die besonders vom Hochwasser betroffen sind, haben auch gezeigt: Unsere Grundstücke, unsere Gärten … hätten auch Teil der Lösung sein können! Viele verstreute, offene Flächen mit tiefem Erdreich bedeuten mehr Kapazitäten für Wasseraufnahme und Versickerung.[13] Durch luftdicht verpackte Gemeinden mit Steingärten und Co. haben wir eine weitere wichtige Ökosystemdienstleistung drangegeben – und uns damit tragischer- und ironischerweise die Naturgewalten ins Haus geholt.

Was also tun, wenn kommerzielle sowie private Ernte dahin sind? Halb so wild: Zum Glück leben wir in Deutschland und schimpfen uns Importeuropameister! Wenn Knappheit besteht, dann kaufen wir eben woanders ein. Unsere Häuser und Straßen können zwar den Naturgewalten zum Opfer fallen (auch das mussten wir erst mal lernen), aber Nahrungsmittelknappheit kennen wir hier nicht. Im Gegenteil, wir können praktisch zu jeder Jahreszeit alles kaufen – egal, ob gerade Saison ist oder nicht! Und während das Gärtnern für uns ein Hobby bleibt, bedeutet kleinbäuerliche Landwirtschaft in anderen Teilen der Welt schlicht und einfach die Grundlage der Existenz. Wir kaufen guten Gewissens im Biomarkt ein, weil wir uns die paar Euro mehr leisten können, um beispielsweise chemische Spritzmittel im Anbau nicht weiter zu unterstützen. In klimagebeutelten Regionen mit begrenzter Infrastruktur sind die Menschen hingegen froh über jede Maßnahme, die ihnen hilft, dass die Pflanzen bloß keinen Schaden nehmen. Mitunter frage ich mich manchmal, ob wir Pflanzenschutz gerade deshalb missinterpretieren, weil wir die Notwendigkeit dafür nicht mehr auf dem Radar haben. Es ist doch immer genug Gemüse da?

Versteht mich nicht falsch: Zu viel gesundheitsgefährdende Chemikalien auf dem Acker sind weder gesund für Anwender*innen noch toll für die Umwelt (auch hier kommt's maßgeblich auf die Dosis an, siehe Kapitel 3), und auch ich versuche, so wenig wie möglich oder gar keine Mittelchen in meinem Selbstversorgergarten zu nutzen. Es macht in gewisser Weise sogar Spaß, mit vermeintlich »natürlichen« Methoden in den Kampf gegen Blattlaus und Co. zu ziehen. Aber wenn dann, wie in diesem Jahr, die heilige Tomaten- und Kartoffelernte dahin ist, bin ich schon froh, dass es noch eine echte Landwirtschaft gibt – mit all ihren Tricks zur Sicherstellung der Ernteziele. Während andernorts Hunger die direkte Folge von Missernten ist, kann ich die Gartenhandschuhe in die Ecke werfen und demütig zum Laden um die Ecke laufen. Es ist nicht so schlimm. Zwangsläufig haben wir und besagte kleinbäuerliche Selbstversorger des *Real Life* (vor allem in ärmeren Regionen des globalen Südens) eine recht unterschiedliche Auffassung von »natürlichen Lebensmitteln«.[14] Falls es dieses Konzept für sie überhaupt gibt. Kommen wir also zum Schluss noch mal zu der Frage, was wir eigentlich meinen könnten, wenn wir von »natürlichen« Produkten sprechen.

Seit dem kurzen Ritt durch die Geschichte der Pflanzenzüchtung in Kapitel 2 sollte klar sein, dass unser Gemüse und Obst vor Tausenden Jahren aufgehört hat, natürlich (im Sinne von »vom Menschen unangetastet«) zu sein – und zwar in dem Moment, als wir durch Kreuzung und gerichtete Selektion die Eigenschaften der Kulturpflanzen zu bestimmen begonnen haben. Geschmack, Genießbarkeit, Farbe, Geruch, Fruchtgröße und Form haben und hätten sich nicht automatisch auf diese Weise entwickelt, wir haben sie aus der Natur herausgekitzelt. Man könnte auch sagen, wir haben uns seither »von der Natur emanzipiert« und diese Emanzipation für unsere Zwecke (den Erhalt und das Wachstum unserer Spezies) genutzt. Jetzt leben wir wie selbstverständlich mit den Schöpfungen unserer Vormenschen und bauen sie in unserem kleinen Stückchen »Natur hinterm Haus« an, um wieder mehr Kontrolle, ja mehr Übersicht über die genaue Herkunft unseres Essens zu bekommen. Noch mal kurz und zum Mitschreiben: Wir pflanzen menschengemachte Organismen in unseren menschengemachten Schrebergarten, genießen dann am Abend den selbst gezogenen Salat und eröffnen stolz unseren Freunden: »Also, natürlicher geht's wirklich nicht.«

Außerdem wissen wir aus Kapitel 3, dass die allermeisten Medikamente auf Stoffen basieren, die in der Natur entdeckt wurden. Von Antibiotika über Kopfschmerztabletten bis hin zu manchen Chemotherapeutika: Die Pflanzenwelt liefert uns laufend neue Wirkstoffe, die sie mal eben ohne großtechnischen Einsatz herstellt. Sogenannte Leitstrukturen (wie die Salicylsäure oder Penicilline) nehmen wir dann her und probieren mit unseren (begrenzten) Mitteln, sie noch stabiler, verträglicher oder wirksamer zu machen. Manchmal ist die natürliche Struktur nachher kaum noch wiederzuerkennen, und trotzdem diente sie als Inspiration für lebensrettende Arzneistoffe.

Schade nur, dass die coole Chemie aus der Natur dann nicht mehr als pflanzliches Arzneimittel verkauft werden darf, die Natur dafür keine *Credits* mehr bekommt, sondern direkt den sperrigen Aufkleber »chemisch-synthetisch« erhält. Pflanzliche Mittel (Phytopharmaka) dürfen nur unveränderte Pflanzenextrakte enthalten – mit all ihren Unzulänglichkeiten und Nebenwirkungen für den menschlichen Organismus.[15] Aber egal, ob Naturheilmittel oder Hardcore-Chemie: Die Grundlage für die Zulassung aller Medikamente in Deutschland ist das Arzneimittelgesetz, das Herstellende auf Wirksamkeit, Unbedenklichkeit und Qualität des Produkts festnagelt. (Erneuter Einschub: Vom Wirksamkeitsnachweis befreit sind übrigens die traditionellen pflanzlichen Arzneimittel der sogenannten besonderen Therapierichtungen. Zur weiteren Lektüre dieser absurden Historie – und auch allgemein! – empfehle ich das Buch *Die kleinste gemeinsame Wirklichkeit* meiner Kollegin Mai Thi Nguyen-Kim.[16]) Mir persönlich wäre es ja im Zweifelsfall schnuppe, wie nah oder fern eine Pille noch mit dem natürlichen Vorbild verwandt ist – Hauptsache, sie wirkt. Oder?

Im vorangegangenen vierten Kapitel haben wir dann diagnostiziert, dass jegliche Form der Landbewirtschaftung eine menschliche Aktivität darstellt, die bestehende Strukturen verändert. Nicht nur unsere Pflanzen, sondern auch die Art und Weise, wie wir sie anbauen, haben mit den Unwägbarkeiten der wilden Natur nicht mehr viel zu tun. Ganz gleich, ob ökologisch oder konventionell oder wie-auch-immer-ihr-es-nennen-wollt, Landwirtschaft sorgt für das Essen auf unseren Tellern, indem sie natürliche Ressourcen anzapft und beispielsweise in ein Kilogramm Kartoffeln verwandelt. Hier gibt es noch viel Optimierungspotenzial, denn Landwirtschaft ist in ihren aktuellen Ausmaßen und in ihrer jetzigen Form erwiesenermaßen wirklich schlecht für unser Klima.[17]

Zuletzt haben wir außerdem in diesem Kapitel den eigenen Garten als Rückzugsort definiert, in dem wir uns erholen und ein bisschen Gott spielen dürfen. Wir fühlen uns hier der Natur zwar sehr nah, doch baut dieses Gefühl auf einer Illusion auf, die wir selbst erschaffen haben – ganz so, als wähnten wir uns im Urlaub, nur weil wir die Füße in den Sandkasten stellen und an Sonnenmilch schnuppern.

Einsteigergemüse für zu Hause

1. **Radieschen** sind schnell ausgesät und brauchen von der Keimung bis zur Ernte nur spektakuläre vier Wochen.

2. **Kohlrabi** wächst eigentlich immer gut und ist leicht zu erklären: Er wird auf Deutsch, Englisch, Niederländisch und Schwedisch gleich genannt.

3. **Rucola** hat keine großen Ansprüche und macht (fast) jedes Essen besser.

4. **Chili** wird im Frühjahr auf der Fensterbank vorgezogen und ab Mai raus an einen warmen, sonnigen Platz gestellt.

5. **Tomaten** in allen Formen und Farben führen schnell zum Erfolgserlebnis.

Fassen wir noch mal kurz zusammen, was wir mit Natürlichkeit beziehungsweise natürlichen Produkten demnach eigentlich *nicht* meinen können:

- alle Pflanzen und Pflanzenprodukte – wenn von Menschen gezüchtet beziehungsweise entwickelt,
- biologische Wirkstoffe und Kosmetika – die wir, von der Natur inspiriert, herstellen und erweitern,
- Ackerbau ohne Spritzmittel – der trotzdem ausreichend Ertrag auf vorgegebener Fläche abwerfen muss,
- unser Reich: der Garten – in dem wir unsere ganz persönliche Sig*natur* hinterlassen und nur sehr dosiert die Kontrolle abgeben.

Worauf wollen wir also wirklich hinaus, wenn wir von Natürlichkeit sprechen? Es macht echt Spaß, über das eigene Gehirn nachzudenken, oder? Ich glaube, dass wir unter natürlichen Produkten vor allem gesunde Lebensmittel verstehen. Darüber hinaus (und nachdem wir nun gelernt haben, dass die Produktion von Nahrung ohne menschliches Zutun von der Erfindung über den Anbau bis hin zu Verarbeitung und Transport echt schwierig wäre) verwechseln wir meiner Ansicht nach ziemlich oft Natürlichkeit mit einem anderen Konzept: Nachhaltigkeit. Das ist nämlich ganz und gar nicht dasselbe. Und da es dazu so viel zu sagen gibt, bekommt die Nachhaltigkeit ein eigenes Kapitel. Oder auch zwei. Zuerst müssen wir ein paar Grundbegriffe klären, ein paar Vokabeln lernen, die dafür wichtig sein könnten. Dazu hüpfen wir noch mal beschwingt in das alltägliche, pflanzenbasierte Leben und schauen uns ein paar Zahlen an. Denn – ihr ahnt es schon – wenn man einen genauen Blick auf die Fakten wirft, sind die »natürlichsten« oder »gefühlt gesündesten« Zutaten nicht immer die nachhaltigsten.

Als kleines Schlusswort für das Gartenkapitel (und auch für alle, die aus verschiedenen Gründen nicht gärtnern und sich nicht als *Natural Birn' Killers* bezeichnen dürfen) sei gesagt: Wer einmal versucht hat, sich auch nur ein klitzekleines bisschen selbst zu versorgen, steigert automatisch – ganz »natürlich« – die Wertschätzung für das tägliche Gemüse.

KAPITEL 6

Walk the Lein

Klimagerechter Konsum ist eine Gratwanderung zwischen Schutz und Freiheit

Zutaten Dee's Homemade Granola
250 g Haferflocken
80 g Kokosraspel
1 Prise Salz
100 ml Pflanzenöl
100 ml Honig
Nüsse
Zimt
Vanille(extrakt)
Rosinen, getrocknete Cranberrys
Schokolade

Auf einer zermürbenden, aber atemberaubend schönen Autofahrt von Vancouver bis zum Banff-Nationalpark in der kanadischen Provinz Alberta im Jahr 2018 habe ich in der Kleinstadt Valemount eine kurze Pause eingelegt. Dort begab es sich, dass ich das weltbeste Müsli-zum-Selbermachen-Rezept von Dee, der Betreiberin des Rose

Cottage, absahnen konnte. Und da das in Kanada war (und auch, weil man das heute wohl so sagt), steht *Dee's Homemade Granola* seitdem als sichere Bank für Frühstück, das wirklich allen Besuchenden schmeckt, in einem kleinen, roten Rezeptbüchlein.

Es könnte kaum simpler sein: Die ersten acht Zutaten – bei der Menge und Sorte der Nüsse sowie der Menge von Zimt und Vanille einfach rumprobieren – werden in einer Schüssel vermischt und auf einem Backblech mit Backpapier für exakt einundzwanzig Minuten bei 180 °C Umluft gebacken. Währenddessen ein- oder zweimal durchrühren schadet nicht. Danach abkühlen lassen, getrocknete Früchte und Schokoladenstückchen (nicht zu klein!) untermengen – fertig. Durch die hohe Honigkonzentration wird das Müsli zwar relativ schnell zum Betonklotz, lässt sich jedoch durch liebevolle Massage in den gewohnt bröseligen Aggregatzustand überführen. Kalte Milch, Milchersatz oder Joghurt dazukippen, fertig. Mhmm. Allein die Zutatenliste regt meine *Glandulae* zur Speichelproduktion an. Außerdem ist hier viel Spielraum für Kreativität – es gibt (fast) keine Zutat, um die man dieses tolle Rezept nicht erweitern könnte. Einfach experimentieren! Schmeckt absolut fantastisch in allen Lebenslagen.

Es sei denn, man ist Wissenschaftler und hat Lust, sich das Essen mit Zahlen zu vermiesen. Betrachtet man nämlich die Ökobilanzen einzelner Produkte in der Zutatenliste, tritt Erstaunliches zutage. Bevor wir zur Ermittlung solcher Bilanzen kommen, lasst uns erst mal die dazugehörige Abbildung 7 verstehen. Als ein Maß für die Ökobilanz ist hier das Treibhauspotenzial (englisch: *Global Warming Potential*, GWP) dargestellt, und die Einheit auf der vertikalen Achse ist »Kilogramm CO_2-Äquivalente pro Kilogramm Produkt«. Man kann also im Diagramm ablesen, dass bei der Produktion eines Kilogramms (verkaufsfertiger) Haselnüsse knapp ein Kilogramm jener Gase entsteht, die unsere blaue Kugel langsam, aber sicher aufheizen (Treibhausgase, englisch: *Greenhouse Gases*, GHG). Dazu zählt das berüchtigte CO_2 (Kohlenstoffdioxid), aber auch andere wie Methan (CH_4), Lachgas (N_2O) oder Tetrafluormethan (CF_4), deren Beitrag zum Treibhauseffekt äquivalent, also im Vergleich zur gleichen Masse CO_2, umgerechnet wird.[1]

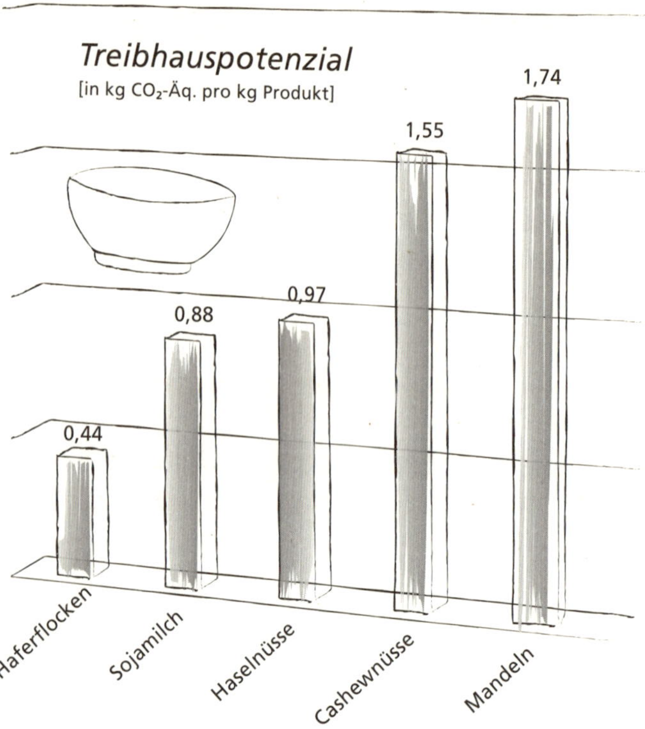

Abbildung 7: Treibhauspotenzial (GWP) ausgewählter Müslizutaten
Ökobilanzen zu Dee's Homemade Granola (Daten aus Clune et al., 2017)[2]

Es zeigt sich also, dass in meinem Müsli die Haferflocken am wenigsten und die Mandeln am stärksten klimaintensiv produziert werden. Letzteres liegt vor allem am Wasserverbrauch, der auf Mandelplantagen besonders hoch ist[3] (und durch Transport und maschinelle Aufbereitung Energie verbraucht, die wiederum aus fossilen Rohstoffen gewonnen wird). Auch die Ökobilanzen der verschiedenen Milchalternativen lohnen einen Blick in die Quellen am Ende des Buches.[4] Ihr fragt euch aber sicherlich und zu Recht: Wie lässt sich so etwas überhaupt berechnen? Und sind da wirklich alle Faktoren berücksichtigt?

Antwort: Es kommt darauf an. Ja, sorry, in der Wissenschaft ist nun mal nicht alles immer schwarz oder weiß. Um den ökologischen Fußabdruck eines Produkts oder eines Prozesses auszutüfteln, macht man in der Regel eine Lebenszyklusanalyse (englisch: *Life Cycle Assessment*, LCA, und damit auch genug der Vokabeln für heute. Ist aber alles klausurrelevant und wird am Ende abgefragt!). Die korrekte Durchführung von LCAs ist tatsächlich ISO-genormt[5] und international anerkannt, wobei es hier ein wenig auf die zu betrachtende Produktion ankommt. Bei »verbrauchbaren«, auf fossilen Ressourcen basierenden Produkten wird meist der Bogen von »Wiege bis Grab« (englisch: *cradle-to-grave*) gespannt, also von der Ressourcenextraktion über die Verarbeitung bis hin zur Mülldeponie. Bei zirkulär gedachten Ansätzen, die in einer perfekten Welt zum Beispiel zu hundert Prozent recycelt werden könnten, bezieht man in die Berechnung einen Rundlauf von »Wiege bis Wiege« *(cradle-to-cradle)* mit ein.

Bei Lebensmitteln ist das (leider noch) nicht immer sinnvoll, sodass hier oft eine Lebenszyklusanalyse bis zu dem Punkt gemacht wird, an dem das Produkt die Firma verlässt (das nennt sich dann *cradle-to-gate,* »von der Wiege bis zum Tor«[6], und jetzt höre ich auch wirklich auf). Konkret kann man also beispielsweise bei den gehackten Mandeln die Aufzucht der Bäume mitsamt Wasserverbrauch, aufgewendeter Dünge- und Pflanzenschutzmittel, die maschinelle Ernte, Transport, Produktion und Verpackung anhand ihrer Emissionen beziffern. Aber auch weiterführende Aspekte wie Nitrifizierung (Überdüngung des Bodens), Eutrophierung (Überdüngung von Gewässern) und Landnutzung (Inanspruchnahme von Böden und Landflächen) sind in modernen Bilanzierungen landwirtschaftlicher Erzeugnisse in der Regel enthalten. Ebenfalls berücksichtigt werden potenziell schädliche Effekte auf die schützende Ozonschicht *(Ozone Depletion)* oder das Vorkommen von giftigen und krebserregenden Substanzen im Produktionsprozess *(Human Toxicity Level)*. Dagegen meist nicht enthalten in einer standardmäßigen LCA sind beispielsweise Indikatoren für den Verlust oder Gewinn an Biodiversität, der durch ein Produkt X oder den Anbau einer Pflanze Y erzielt wird. Das wäre total wichtig,[7] ist aber selbst für Wissenschaftlerinnen und Wissenschaftler gar nicht so einfach zu messen und zu beziffern.

Wie ihr aber seht, wird bei der Berechnung des ökologischen Fußabdrucks mittlerweile so einiges in den Topf geworfen, sodass LCAs uns bei der Auswahl und Zusammenstellung unserer Speisekarte eine ganz gute Stütze sein können.

Dabei muss man immer schön die Y-Achse im Blick behalten. Will heißen, dass die absoluten Werte hier zwar richtig und interessant, ohne eine Referenz, einen Vergleichswert, jedoch bedeutungslos sind. Sind 1,8 Kilogramm CO_2-Äquivalente pro Kilogramm Mandeln jetzt exorbitant viel und unvertretbar? Oder ist das eigentlich gar nicht so eine große Menge? Na ja, sagen wir, das kommt darauf an, wie viele Mandeln du am Tag schaffst.

Außerdem lohnt es sich, einen Blick auf andere Bilanzen zu werfen, etwa auf jene, die zur Entdeckung meines Müslirezepts geführt haben und hier mit einfließen müssen. Nehmen wir beispielsweise die Umstände hinzu, unter denen ich nach Kanada (und zurück) geflogen bin (ca. 3000 bis 4000 Kilogramm CO_2-Äquivalente für gut 15 000 Kilometer)[8] und einen Mietwagen durch die Gegend gejagt habe (etwa 600 Kilogramm CO_2-Äquivalente auf rund 2000 Kilometern)[9], erscheinen uns die Ökobilanzen der Produkte im *Homemade Granola* doch eher vernachlässigbar. Wie gesagt, es kommt darauf an, wie viele Packungen Mandeln du bis zum nächsten Fernflug verdrücken kannst. Und darauf, wie oft du tatsächlich so weit fliegst.

Jetzt spinnen wir noch etwas weiter: Das Müsli könnte man natürlich noch mit anderen Zutaten aufpeppen. Zum Beispiel würden ein paar Rindfleischstreifen (wie gesagt, dieses Rezept entstellt nichts!) ordentlich Punkte auf dem Klimarechner dazubringen. Ist vielleicht nicht jedermenschs Sache (meine auch nicht). Aber zur Einordnung: Die Produktion und der Konsum von rotem Fleisch, das hauptsächlich von Wiederkäuern stammt, verursacht global knapp 29 Kilogramm CO_2-Äquivalente pro Kilogramm Produkt.[10] Ein guter Grund, den Verzehr zu reduzieren – und eine neue, erweiterte Abbildung zu machen (siehe Abbildung 8). Dennoch müsste jemand erst mal zweihundert Packungen Hackfleisch verschlingen, um den *Impact* eines solchen Interkontinentalflugs annähernd zu erreichen.

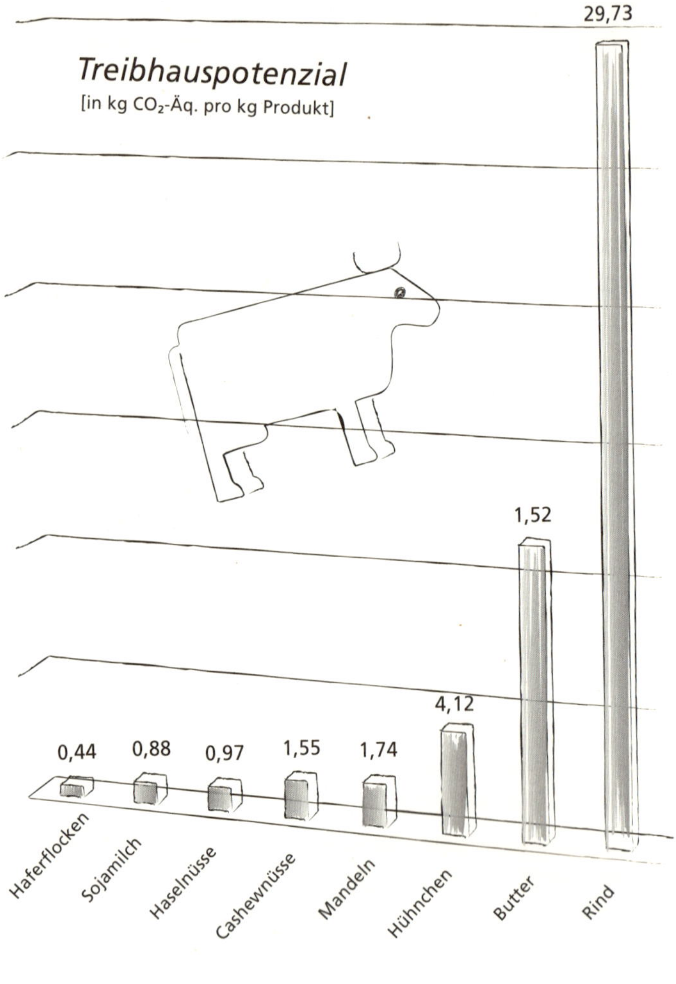

Abbildung 8: Treibhauspotenzial (GWP) ausgewählter Zutaten

Ökobilanzen zu Dee's Homemade Granola und einigen tierischen Produkten (Daten aus Clune et al., 2017)[11]

Wie gesagt, die Referenz ist wichtig. In Abbildung 8 verschwinden unsere Müslizutaten fast, und Geflügel schneidet deutlich besser ab als der »Klimakiller Rind«. Jedoch ist auch Butter als tierisches Produkt nicht von schlechten Eltern. Für ein Kilogramm Butter braucht man etwa zwanzig Liter Milch,[12] wofür man wiederum eine Kuh braucht, die soundso viel Wasser und Futter benötigt, das Futter muss erst mal angebaut und gedüngt werden … ihr seht das Problem (und auch die vielfältigen Punkte, die Einfluss nehmen aufs GWP – na, Abkürzung noch parat?). Sollten wir nun alle Vegetarier oder gar Veganer werden, zu Hause bleiben, und das Klima ist gerettet? Puh, ich möchte mich gar nicht zu sehr an diese Debatte herantrauen. Eine so eindimensionale Behauptung ist aber wohl zu kurz gedacht. Ohne hier zu sehr vom eigentlichen Thema abzukommen (zur Erinnerung: Pflanzenforschung, tolle Sache!), nur ein kurzer Exkurs dazu.

Der Agrarökonom Matin Qaim von der Universität Göttingen beantwortet die Frage sinngemäß so: Wenn wir als oberstes und einziges Ziel den Schutz von Umwelt, Natur und Tierwohl definieren, sollten wir eindeutig und ausschließlich auf pflanzenbasierte Ernährung umschalten.[13] Je nach Berechnung (und es erscheinen ständig neue Studien dazu) könne man mit den bestehenden Systemen etwa zehn bis zwölf Milliarden Menschen mit ausreichend (pflanzlichen) Kalorien versorgen.[14]

Das Zauberwort ist hier »Kalorie«, eine eigentlich veraltete Einheit der Wärmeenergie, die gewissermaßen nur für den Sprit steht, den unser Motor zum Laufen braucht. Tricky wird es, sobald wir uns die Mikronährstoffe anschauen. Hierzu zählen Spurenelemente wie Eisen und

Iod, Antioxidantien und eine ganze Armee von Vitaminen, die wirklich schwer zu bekommen sind. Na klar, man kann sich einen ausgeklügelten Ernährungsplan erstellen und genau drauf schauen, dass man (fast) alle Makro- und Mikronährstoffe in ausreichender Menge zu sich nimmt. (Als Veganer*in kann man außerdem ziemlich easy supplementieren, also beispielsweise einen Mangel an bestimmten Vitaminen durch die Einnahme von Tabletten ausgleichen.) Das kann sogar Spaß machen.

Allerdings, so Qaim, erfordere das ein hohes Maß an Wissen und die entsprechenden finanziellen Mittel. Anders (und etwas provokativ) gesagt: Wir hier haben den Luxus, uns in das Thema einlesen, entsprechende Produkte einkaufen und sie uns auch noch leisten zu können. In den meisten, vor allem in ärmeren Regionen der Welt ist das ganz und gar nicht selbstverständlich. Dazu kommt die Saisonalität, die bei uns kaum, andernorts jedoch sehr wohl direkte Auswirkungen auf die Verfügbarkeit bestimmter Mikronährstoffquellen hat. Auch die Entfernung zum nächsten Markt ist eine wichtige Größe. Wie bitte schön soll man sich halbwegs ausgewogen ernähren, wenn man in abgelegenen ländlichen Regionen außerhalb der Erntesaison lebt? Das schließt wiederum den Kreis Fleischkonsum: Es ist völlig klar, dass der Verzehr von tierischen Produkten in der Klimakrise zwar nachteilig ist, in Sachen ausgewogene Ernährung aber auch ein wertvoller Bonus sein kann, wenn es gerade ansonsten nur Reis zum Ernten gibt.

Betrachtet man also uns (und andere, die das Privileg haben, sich Industrienationen zu schimpfen), so können und müssen wir vielleicht tatsächlich die Chance nutzen, solidarisch sein und unseren Beitrag durch unser Konsumverhalten leisten. Durch stets gefüllte Regale können wir am flexibelsten mit unserem Speiseplan jonglieren, und eine Halbierung des Verzehrs von Tierprodukten ist da sicherlich nicht zu viel verlangt. Dabei dürfen wir nicht vergessen, dass wir zu den nur knapp zehn Prozent gehören, die sich diesen Luxus leisten können – und nicht zu den neunzig Prozent, die sich im Winter *keine* Erdbeeren kaufen können. Die neunzig Prozent, die schauen müssen, wie sie an ihre Makro- und Mikronährstoffe kommen. Wir gehören auch nicht zu den neunzig Prozent, die in den kommenden Jahren mit einem steilen Bevölkerungszuwachs und der damit verbundenen erhöhten Nachfrage klarkommen müssen.[15]

Kurze Schlussfolgerung: Die Forderung nach einem flächendeckenden Vegetarismus ist wahrscheinlich zu eindimensional gedacht. Allerdings könnten wir hier in Europa gut und gern mehr verzichten und sollten das auch tun. Außerdem ist allein das Gedankenexperiment ein guter erster Ansatz, über den zu diskutieren sich lohnt – auf dem Weg in eine Transformation des Ernährungssektors hin zu echter, messbarer Nachhaltigkeit.

Wiederholungssatz: Versteht mich bitte nicht falsch! Es ist durchaus begrüßenswert, dass so viele Produkte, Firmen und kleine Lädchen fleißig auf die grüne Welle aufspringen. So viele Start-ups sich Gedanken über Ersatzprodukte und fast-perfekt-kreislaufartige Produktion machen. Ich liebe es. *What a time to be alive!*

Trotzdem täten wir ziemlich gut daran, nicht so oft nach dem universalen Allheilmittel zu suchen. Allzu oft wird ein neuer Trend als *die* Lösung aller Probleme hingestellt, und andere Konzepte werden in Grund und Boden argumentiert. Das führt doch zu nichts. Vielmehr sollten wir auch hier eine Diversität anstreben, die besten Ideen auf den Tisch bringen und zusammen weiterentwickeln. Das gilt für alle Bereiche, von der Produktion über Gewinnung und Prozessierung bis hin zur Frage, wie wir verdammt noch mal eine gerechte globale Verteilung von Lebensmitteln in ausreichender Quantität und Qualität hinbekommen. Und lasst uns dabei doch bitte faktenbasiert vorgehen: Lebenszyklusanalysen und andere Methoden sind natürlich unperfekte Näherungen, aber sie erlauben es uns zumindest, verschiedene Ansätze irgendwie vergleichen zu können. Sie liefern uns die Evidenz zum Bauchgefühl (wie beim ökologischen Fußabdruck vom Rindfleischburger im Vergleich zu sämtlichen Veggie-Optionen)[16], aber teilen uns auch mit, wenn wir auf dem Holzweg sind – wie im Fall von Aquafaba, dem Kochwasser von Bohnen, Kichererbsen oder anderen Hülsenfrüchten. In einer Studie[17] aus dem Jahr 2021 wurde die Frage gestellt, ob die zirkuläre Nutzung von Aquafaba zur Produktion von veganer Mayonnaise den Umwelteinfluss im Vergleich zur Ei-Mayo verbessert. Antwort: Nö. Es stinkt in acht von sechzehn LCA-Kategorien – darunter auch Klimagase und Energieverbrauch – gegen die herkömmliche Mayo ab. Deshalb ist es natürlich trotzdem weiterhin wichtig, kreativ zu sein und nach Alternativen zu suchen. Wir sollten aber nie etwas als allgemein gültig hinnehmen, das nur gefühlt die bessere Option ist. Die Nachhaltigkeitsforschung stellt uns die notwendigen Werkzeuge zur Verfügung, um unsere manchmal trügerische Intuition zu überprüfen.

Ey, und übrigens schadet es nicht, neben der Nahrung auch andere Lebensbereiche in Sachen Konsumverhalten zu überdenken. Pflanzenprodukte finden sich im besten Fall auch in anderen Dingen des täglichen Gebrauchs, wie in der Kleidung, die wir tragen, oder in Papier. Die Seiten dieses Buchs bestehen aus FSC-zertifiziertem Material. Das heißt, dass die Holzfasern aus nachhaltigem Holzanbau gewonnen werden. Die Papierherstellung erfolgt weitestgehend durch die Nutzung regenerativer Energiequellen. Zudem wird auf die Verwendung von aggressiven Lösungsmitteln, Klebstoffen, speziellen Lacken und Farben verzichtet. Beim Betrieb der Druckerei wird Ökostrom genutzt, und in sämtlichen Prozessen wird auf Klimaneutralität geachtet (was nicht bedeutet, dass keine Emissionen stattfinden). Der Energieverbrauch wird, wo immer möglich, gesenkt und ansonsten kompensiert – ganz ähnlich wie bei bekannten Fernflugkompensationen werden ausgewählte Klimaschutzprojekte unterstützt und dadurch CO_2-Einsparungen an anderer Stelle realisiert. Mehr Infos in den Endnoten![18,19] Allerdings stammen nur etwa fünfzehn Prozent der Emissionen von Erzeugnissen aus der Druckerei selbst, der Rest kommt aus der Papierherstellung und dem anschließenden Transport. Zur Einordnung in die oben gezeigten Daten (vgl. Abbildung 7 und 8): Pro Kilogramm bedrucktem Papier werden etwa anderthalb Kilogramm Kohlenstoffdioxid freigesetzt. Leseratten, die sich ihren Stoff mit dem Fahrrad beim lokalen Buchlädchen besorgen, helfen zusätzlich dabei, den Fußabdruck so gering wie möglich zu halten.

Falls du diese Zeilen gerade als E-Book liest, hast du auch einiges richtig gemacht: Der Stromverbrauch ist dank spektakulärer Technik kaum der Rede wert,[20] mit einer Aufladung könntest du dieses Buch gut hundertmal lesen. Trotzdem müssen sowohl E-Book als auch Analogbuch zunächst produziert werden. Waldmonokulturen und Wasserverbrauch auf der einen Seite stehen Mineralölförderung und Schadstofffreisetzung auf der anderen Seite gegenüber. Ich sag ja, als Biologe kann ich mir vieles madig reden.

Jetzt kommt das Aber (und das gilt für Bücher genauso wie für alles, was wir vorher schon hatten): Wer die Umweltverträglichkeit eines Produkts bewerten will, muss den kompletten Prozess betrachten, in dem es hergestellt und konsumiert wird. Den einen Part übernimmt die Herstellung, den anderen du ganz höchstpersönlich. Benutzt du deinen E-Reader oft genug, einige Jahre am Stück und nicht nur zur Urlaubslektüre, gewinnt er gegen das Original. Wenn nicht, bleib lieber bei den toten Bäumen und greif zu den bekannten Maßnahmen für eine möglichst effektive Reduktion des Fußabdrucks (ausleihen, gebraucht kaufen, auf Siegel und Zertifizierungen achten. Näheres zum letzten Punkt am Ende des Kapitels). Es steht also in unserer ganz privaten Macht, die Ökobilanz unseres Lieblingsbuchs zu verbessern. Gleiches gilt übrigens auch für Textilien.

Immer mal wieder ist die Klamottenindustrie in den Medien, aber auch Teppiche, Gardinen, Polsterstoffe, Airbags und sogar Verbundstoffe aus Beton sind Textilien, in denen tatsächlich auch pflanzliche Fasern benötigt werden.[21] Wir unterliegen regelmäßig dem Fehlschluss, dass Kunststoffe per definitionem schlecht für die Umwelt und niemals abbaubar seien, während bei den Naturstoffen das Gegenteil anzunehmen wäre (wie schon gesagt, unsere Intuition lässt uns da oftmals im Stich). Na klar, Polyester wird aus Erdöl hergestellt, dessen Förderung nicht nur super schlecht für die Welt ist, sondern irgendwann sowieso zur Neige gehen wird. Auf der anderen Seite sind Baumwollfelder mit großem Spritzmitteleinsatz, hohem Wasserverbrauch und bedenklichen Arbeitsbedingungen auch nicht wirklich besser.

Natürlich ist das eine ziemlich überspitzte Darstellung, dazwischen gibt es viele Grautöne. Längst schon arbeiten öffentliche wie private Forschungsprojekte daran, das Beste aus beiden Ansätzen herauszuholen und – das ist gerade bei Papier und Textil besonders hervorzuheben – den Recyclinggedanken in den Fokus zu rücken. Auch hier müssen wir einmal mehr den Tisch freiräumen, Tabula rasa machen, die Fakten ausbreiten und schauen, welche Wege wir beschreiten können und wollen. Und wenn wir schon wertvolle Flächen für die Gewinnung von nachwachsenden, natürlicheren (?) Pflanzenfasern opfern wollen, dann bestenfalls in Kombination mit Lebensmitteln, oder? Wäre doch nur schlau, verschiedene Teile der Pflanze(n) zu nutzen, anstatt Essen und Gebrauchsgegenstände, Papier und Kraftstoff um die Anbaufläche konkurrieren zu lassen.[22] Ein Feld, mehrere Produkte, das wär's doch. Hier suchen Wissenschaftler*innen seit Längerem nach der pflanzlichen Version der Eier legenden Wollmilchsau (Namensvorschlag: vitaminreiche Ölfasertomate), und der Gemeine Lein könnte eine solche Wunderpflanze werden. So, jetzt wisst ihr auch, was es mit der Kapitelüberschrift auf sich hat.

Lein oder Flachs *(Linum usitatissimum)* wurde schon

vor über sechstausend Jahren von Ägyptern und Sumerern angepflanzt und stellte bis ins 19. Jahrhundert die wichtigste Quelle für Textilfasern dar.[23] Erst dann wurde er durch die etwas geschmeidigere Baumwolle abgelöst und die Produktion der neuen Faser in wärmere Regionen (beziehungsweise Kolonien) verlagert. Nun erlebt *Linum* in seinen verschiedenen Kulturformen ein Comeback und die wissenschaftliche Faktenlage unterstützt den Trend weitestgehend: Leinöl ist gesund, Leinsamen sind eine wertvolle, verdauungsfördernde Müslizutat, Lein ist regional anbaubar, biologisch abbaubar, braucht nicht viel Dünger und eignet sich sogar als Gründüngung in der landwirtschaftlichen Fruchtfolge.[24] Außerdem hat er wirklich schöne blaue Blüten. Die pflanzliche Wollmilchsau! Zumindest in der Theorie.

Pflanzenzucht und neue Techniken können helfen, die Eigenschaften des Leins zu maximieren, sodass wir tatsächlich eine Kultur heranzüchten könnten, die auf derselben Parzelle und innerhalb einer Saison sowohl ölreiche Samen als auch Textilfasern und Essbares abwirft. Ob sich das am Ende rechnet und wie nachhaltig das Ganze wirklich wäre, könnte wieder mittels Lebenszyklusanalyse näherungsweise beziffert werden. Außerdem müsste ganz bestimmt einiges umgerüstet und angeschafft werden, um Betriebe auf solche Zwei- oder Dreinutzungsrassen (so nennt sich das, glaube ich, bislang nur bei Nutztieren) umzustellen. Solche innovativen, platzsparenden Experimente könnten staatlich bezuschusst werden und am Ende ein cooles Logo aufgedruckt bekommen.

Exkurs

Spinat als Bombendetektor

Amerikanische Forschende am Massachusetts Institute of Technology (MIT) haben Spinat so ausgestattet, dass er sogenannte Nitroaromaten wahrnehmen kann. Diese Stoffe stecken unter anderem in alten Landminen. Kommen die Wurzeln der Pflanze mit ihnen in Kontakt, teilt das Gemüse durch ein Lichtsignal mit:

»Achtung, hier ist eine Bombe vergraben!«

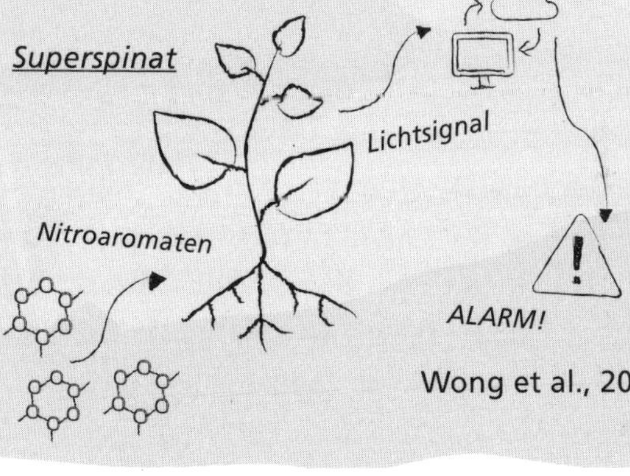

Wong et al., 2017

Übrigens, Zertifizierungen und Biosiegel können uns bei der Entscheidung helfen, ob wir ein gewisses Produkt (beziehungsweise eine gewisse Produktionsweise) unterstützen wollen. Allerdings muss uns immer bewusst sein, dass Siegel meist nicht das gesamte Bild betrachten. Biobaumwolle garantiert weniger chemisch-synthetische Spritzmittel, allerdings werden dafür andere, biologische Spritzmittel eingesetzt und im Schnitt mehr Fläche für den gleichen Ertrag verbraucht.[25] Zertifizierungen für faire Produktionsbedingungen beruhigen ethische Bedenken, lassen jedoch die Frage nach der Anbauweise unbeantwortet. Einige wenige Siegel, wie der blaue Engel[26], versuchen die ganze Bandbreite abzudecken. Jedoch erhalten viele Produkte schon aus praktischen Gründen kein solches Abzeichen, wenn zum Beispiel in einem Druckerzeugnis bestimmte Farben genutzt werden oder ein Betrieb nicht komplett auf Ökostrom umstellen kann. Oder weil ein kleinbäuerlicher Hof irgendwo im globalen Süden schlicht kein Geld für automatische Hacken hat und deshalb Insektizide spritzen muss.

Es ist kompliziert. Aber eines ist klar: Ein nachhaltiges T-Shirt für fünf Euro kann es nicht geben. Durch die vielen Einzelprozesse (Faserherstellung, Färbung, Thermofixierung …) ist das einfach nicht möglich. Exakt aus demselben Grund kann es kein Biohackfleisch (und auch keine vegane Alternative!) für 1,50 Euro geben. Es sind einfach zu viele Schritte notwendig, um ein solches Produkt auf umweltschonende Weise hervorzubringen. Und Umwelt ist hier nur eine Dimension, die betrachtet wird. Längst gibt es Ansätze, die ökologische LCAs mit ökonomischen Analysen kombinieren, sodass alle beteiligten

Personen und Firmen entlang der Wertschöpfungskette auch wirtschaftlich bewertet werden können.

Die dritte Dimension ist die der *Social LCAs*, die sich der sozialen Nachhaltigkeit annimmt. Hier werden Fragen gestellt wie: Trägt eine regional angesiedelte Bioraffinerie zum Strukturwandel bei? Hat es für Ananasproduzierende einen Mehrwert, als zusätzliche Wertschöpfung die Herstellung von Ananasleder zu erlernen und zu implementieren? Oder schlicht: Reduziert die betrachtete Produktion Hunger, Armut oder soziale Ungerechtigkeit? Die Nachhaltigkeitsforschung steckt hier noch in den Kinderschuhen. Es ist offensichtlich, dass so etwas wie regionaler Strukturwandel deutlich schwieriger zu beziffern ist als der (rein quantitative) Ausstoß von Klimagasen. Dennoch werben einige Siegel und Kompensationsanbieter mit einer angeblichen »wissenschaftlichen Berücksichtigung« solcher Kriterien. Wirklich transparent dargelegte, wissenschaftliche Grundlagen sind dabei eher selten.

Fassen wir kurz zusammen: Es ergibt viel Sinn, sich seine Speisekarte kritisch anzuschauen. Es ist wenig sinnvoll, für ein Müslirezept nach Kanada zu fliegen. Die Nachhaltigkeit einzelner Produkte und Prozesse lässt sich aus ökologischer Sicht relativ gut in Zahlen ausdrücken. Neue Einflussgrößen kommen ständig dazu, die Zu- und Abnahme von Biodiversität sollte es ebenfalls. Die zur Verfügung stehenden Flächen müssen auch in Zukunft reichen, und Mehrnutzungssorten sowie Mischkulturen könnten ein Puzzleteil zur Lösung darstellen. Aber Nachhaltigkeit wird erst zum Gesamtbild, wenn auch wirtschaftliche und soziale Aspekte berücksichtigt sind. Die wissenschaftlichen Grundlagen dazu werden gerade feinjustiert, während du diese Zeilen liest. Es sind also (mindestens) drei Dimensionen, die in unsere Entscheidung zum Kauf oder Nichtkauf eines neuen Buches, einer neuen Hose oder eines Steaks einfließen müssen (es sei denn, du bist aus gesundheitlichen oder ethischen Gründen Vegetarier, dann ist die Entscheidung klar). Und die höchste Form der Reduktion ist schlicht und einfach: Verzicht. Dennoch ist die Welt keineswegs automatisch gerettet, wenn wir alle auf pflanzliche Ernährung umschalten.

All unsere kulinarischen Entscheidungen haben direkte oder indirekte Auswirkungen in Raum und Zeit. Okay, das klingt spacy. Gemeint ist, dass wir genauso eine Verantwortung gegenüber den Menschen haben, die noch nicht geboren sind, wie gegenüber unseren Mitmenschen, die bloß weit weg und deshalb nicht auf unserem alltäglichen Radar sind. Lasst uns in Sachen Nachhaltigkeit die richtigen Fragen stellen, sie mithilfe der Wissenschaft beantworten und gemeinsam entscheiden, wo's hingehen soll.

KAPITEL 7

Eine Frage der Ähre

Warum es sich gehört, über das eigene (Ess-)Verhalten nachzudenken

Zutaten Ofengemüse
2 Rote Beten
2 bis 3 mittelgroße Kartoffeln
2 rote Zwiebeln
1 Paprika
2 Handvoll Grünkohlblätter
1 Handvoll Kirschtomaten
Walnüsse
Feta
Pflanzenöl
Salz, Pfeffer

Gemüse aus dem Ofen geht immer, oder? So, wie sämtliche Arten der Gattung *Vinca* (deutsch: »Immergrün«) das ganze Jahr über saftig dastehen, ist auch dieses Rezept ein Evergreen im Hause Spencer. Es begleitet mich durch die Saison, passt sich gleichzeitig an sie an, ist im Sommer fruchtig-scharf und wird gegen Winter immer erdig-rustikaler, wenn Kohl und Wurzelgemüse die Vorherrschaft auf dem Backblech übernehmen. Bevor es hier gleich die Zubereitung der Sommerversion für dich gibt, lass uns noch kurz mithilfe der vorletzten Zutat, des Pflanzenöls, den Bogen zum vorhergehenden Kapitel spannen.

Wir waren ja gerade schon beim Leinöl. Die Gewinnung von pflanzlichen Ölen ist vielleicht ein besonders geeignetes Beispiel, um die Zwickmühle der zukünftigen Landnutzung zu beschreiben. Einerseits kommen wir ein Stück weit weg von der Einbahnstraße namens Erdöl und können hochenergiereiche Fette aus nachwachsenden Rohstoffen produzieren, die unsere Energie-, Kraftstoff- und Ressourcenproblematik teilweise lösen könnten (yay!). Andererseits fallen auch die sogenannten Ölsaaten (Raps, Soja, Sonnenblume und Co.) nicht vom Himmel, sondern müssen großflächig angebaut werden und konkurrieren direkt um den Platz, den wir für Obst und Gemüse gut gebrauchen könnten (oh no!).

Klar, Sojabohnen kann man als Edamame zubereiten, und Sonnenblumenkerne schmecken auch ganz lecker. Da könnte man doch zwei Fliegen mit einer Klappe schlagen, oder? Ganz so einfach ist es leider nicht. Wir können eben nur *entweder* den Samen das Öl abpressen *oder* sie zu Speisezwecken verwenden. Außerdem gibt es auch hier speziell herangezogene Sorten, die für die eine oder die andere Anwendung gezüchtet wurden.[1] Öl wächst also leider nicht auf Bäumen. Wobei, man könnte die Palmölplantagen in Südostasien als eine Art Wald bezeichnen (botanisch gesehen gehören die Palmengewächse aber nicht zu den Bäumen), in dem es Öl für unsere Kosmetika, Schokocremes und Biokraftstoffe regnet. Zur Nachhaltigkeit in Sachen Palmöl kommen wir gleich noch, da gibt es auch ein paar ziemlich krasse Missverständnisse, wart's ab.

Zunächst einmal ist es egal, mit welchem Pflanzenöl ihr euch für die Zubereitung meines einfachen, aber unglaublich leckeren Ofengemüses bewaffnet. Nur hitzebeständig, also zum Braten und Backen geeignet, muss es sein. Entscheidend für den Geschmack ist: Die Zutaten müssen frisch sein. Klingt banal, aber hier kann man Saison und Regionalität regelrecht schmecken, die Inhaltsstoffe bleiben beim Garprozess erhalten, was beispielsweise beim simplen Kochen in Wasser nicht der Fall wäre. Eine schonende, pflanzliche Geschmacksimplosion! Dazu einfach alle Zutaten im ersten Schritt in mundgerechte Happen schneiden. Rote Bete mit etwas Pflanzenöl, Salz und Pfeffer in einer Schüssel vermischen und ab in den Ofen bei knackigen 220 °C und Umluft. Fünfzehn Minuten später das Blech rausholen, die Bete an den Rand schieben und Paprika, Kartoffeln, halbierte Tomaten und geviertelte Zwiebeln (ebenfalls mit Öl und Gewürzen ummantelt) in einer Schicht daneben platzieren. Weitere fünfzehn Minuten backen. Zum Schluss genauso mit dem Grünkohl verfahren und noch ein paar Walnüsse dazuwerfen. Den Kohl beobachten – nach etwa fünf Minuten wird er langsam dunkel und knusprig. Dann kann wahlweise mit Feta und (was soll der Geiz) einem guten Oliven- oder Walnussöl angerichtet werden. Dazu kann man Quinoa oder Reis kochen, muss man aber nicht. Für Soßenjunkies reicht ein einfaches Balsamicodressing, ein Knoblauchdip oder etwas Joghurt, verrührt mit einem Esslöffel Tahin. Dieses Rezept macht Spaß, geht schnell und dient als

Treffpunkt für alles, was sich in der Gemüseabteilung tummelt. Ja, es ist eine ölige Angelegenheit … aber nur so gelingt es. Außerdem sollte das ja eine halbwegs elegante Überleitung zum Thema Öl werden.

Das Coole an Triglyzeriden (in ihren verschiedenen chemischen Formen die Hauptbestandteile von Fetten und Ölen) ist, dass in ihren langen Kohlenstoffketten enorm viel Energie enthalten ist.[2] Diese Energie können wir durch Verbrennung freisetzen, sowohl im Verbrennungsmotor als auch in unserem ganz eigenen Antrieb, dem Stoffwechsel. Es gibt praktisch keine Produkte, die kein Öl oder Fett in der ein oder anderen Version enthalten. Das ist erst mal weder gut noch schlecht. Kritisch wird es, wenn wir zu spät bemerken, dass unser Bedarf an Ölen in den unterschiedlichen Lebensbereichen »unbemerkt« solche Ausmaße angenommen hat, dass es weder vor noch zurück geht. Womit wir ruckzuck beim Palmöl wären.

Die Ölpalme *(Elaeis guineensis)* ist ein bemerkenswertes Gewächs. Ihre Kerne und Früchte bestehen zu knapp fünfzig Prozent aus Öl, außerdem enthalten sie Carotine, die eine rötliche Färbung verursachen.[3] Sie werden zur Ölgewinnung getrocknet, zermahlen und dann gepresst. Die spezielle Zusammensetzung des Palmöls macht es zu einem spannenden Werkstoff: Es ist »hochschmelzend«, lässt sich in unterschiedlich weiche und formbare Fraktionen zerlegen, ist dadurch recht flexibel in der gewünschten Stabilität und ohne großen Aufwand sowohl in festen Shampoos als auch in zart schmelzenden Schokopralinen einsetzbar. Außerdem oxidiert es nicht so schnell wie die Konkurrenz, was zu einer längeren Haltbarkeit der Produkte führt.

Diese chemischen Pluspunkte – und die Tatsache, dass Ölpalmen sehr ertragreich sind und mehr Pflanzenöl pro Flächeneinheit abwerfen als jedes andere Kraut[4] – führten zum raketenartigen Anstieg der Anbaufläche. Die Ernährungs- und Landwirtschaftsorganisation der Vereinten Nationen, die FAO, dokumentierte im Jahr 2019 über zwanzig Millionen Hektar Anbaufläche weltweit, die durch Ölpalmen abgedeckt und hauptsächlich in Indonesien und Malaysia zu finden sind.[5] Die beiden Länder halten zusammen stolze 85 Prozent Weltmarktanteil. Und damit sind wir schon mitten in der Debatte: Megamäßiger Flächenverbrauch, klimafataler Landnutzungswandel, Entwässerung von Torfmooren, Rodung von Regenwaldflächen und Biodiversitätsverlust sondergleichen stehen dem enormen wirtschaftlichen Wachstum einer armen Region auf der Südhalbkugel gegenüber.[6] Wie bei kaum einer anderen Kulturpflanze werden Plantagen zu einem großen Anteil von Kleinbäuerinnen und Kleinbauern betrieben, eine Menge Arbeitsplätze wurden geschaffen, das Einkommen hat sich (nicht für alle, aber für viele) verbessert,[7] die Armut hat substanziell abgenommen.

Trotzdem ist der Preis, den wir als Menschen (in Form von drangegebenen Ökosystemleistungen) dafür zahlen, ein ziemlich hoher. Die Zwischenbilanz des ganzen Schlamassels ist nun, dass wir in Sachen nachhaltige Entwicklung irgendwo zwischen Umweltschutz, sozialem Strukturwandel und privatem wirtschaftlichem Wachstum stecken geblieben sind wie ein Dampfer im Suezkanal. Wir können weder vor noch zurück. Es geht momentan nicht ohne Palmöl, aber es geht auch nicht ohne funktionierende Biodiversität. Wenn wir die Welternte der Ölpalmen über Nacht durch Sonnenblumen oder Raps ersetzen wollten, brauchten wir rund dreimal so viel Fläche! Das ist also auch keine Option. Und nun haltet euch fest: Klar, Palmöl ist in vielen Lebensmitteln enthalten. Gut jedes zweite Produkt im Einkaufswagen enthält Palmöl in der ein oder anderen Form. Aber mehr als die Hälfte landet tatsächlich in unserem heiß geliebten Biodiesel (oder wird normalem Diesel beigemischt)![8] Also ist die vermeintlich umweltfreundlichere Alternative zum Erdöltanken ebenfalls auf der Anklagebank, weil sie prozentual gesehen für eine Palmölanbaufläche mitverantwortlich ist, die ungefähr so groß ist wie Bayern. *What the hell?!*

Werfen wir noch mal einen Blick auf das, was wir in Kapitel 6 erarbeitet haben und auch hier wieder beachten müssen: Nachhaltigkeit ist dreidimensional.

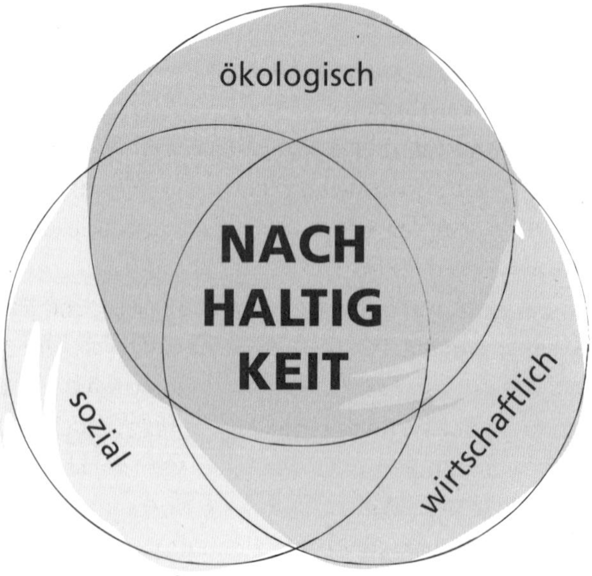

Wenn wir ein Produkt (Gesichtscreme mit oder ohne Palmöl) oder einen Prozess (monokultureller Anbau von Ölpalmen in Südostasien) bewerten wollen, können wir nicht ausschließlich aus der Umweltsicht argumentieren. Es reicht eben nicht immer aus, lediglich eine ökologische Lebenszyklusanalyse (siehe Kapitel 6) zu starten, was am Beispiel Palmöl meines Erachtens besonders deutlich wird. Wir müssen auch erkennen, dass sozioökonomische Aspekte wie der Verlust von Arbeitsplätzen oder das Wegbrechen eines Wirtschaftszweigs, der Menschen kurzfristig aus dem Elend geholt hat, eine Rolle spielen. Und noch mal: Ein sofortiger Ausstieg aus der Palmölförderung wäre nur mit einem sofortigen Ersatz durch andere Ölsaaten realisierbar, die ein Vielfaches der Fläche benötigen – ein neues ökologisches Desaster, nur an anderer Stelle. Das ist keine vertretbare Option. Es wird also weder einen schnellen Ausstieg noch eine (neokolonialistisch anmutende) europäische Debatte über das Schicksal zahlreicher Menschen auf der anderen Seite der Erde in naher Zukunft geben. Wohl oder übel müssen wir hier langsamer vorgehen, gemeinsam mit den Produktionsländern nach Ansätzen für eine nachhaltigere Lösung suchen. Aber verdammt, Langsamkeit können wir uns eigentlich nicht erlauben …! Also, was tun?

Die Forschung kann zwar Lösungsansätze und Handlungsempfehlungen für diese Probleme liefern, aber natürlich braucht es auch einfach politischen Mut zur Weichenstellung in eine nachhaltigere Richtung. Die Nachfrage nach Pflanzenölen wird in Zukunft nicht abnehmen, ganz im Gegenteil. Weil eine weitere Ausdehnung der lokalen Anbauflächen sich sowohl ökologisch als auch moralisch verbietet, muss die Produktivität kurzfristig auf andere Weise erhöht werden. Momentan werden gut drei Tonnen Palmöl pro Hektar und Jahr geerntet (zum Vergleich: Sonnenblume, Soja und Raps kommen, wenn's gut läuft, auf eine Tonne),[9] aber theoretisch wäre bei *Elaeis* ein Ertrag von bis zu acht Tonnen je Hektar möglich. Das bedeutet nicht zwingend, dass beispielsweise doppelt so viele Spritzmittel oder die doppelte Menge an Dünger eingesetzt werden müssen. Aktuelle Studien ergaben, dass allein durch bessere Anbaupraxis und qualitativ gutes Pflanzenausgangsmaterial die Ausbeute signifikant verbessert werden kann.[10] Außerdem werden neue Technologien helfen, hochproduktive Züchtungen der Ölpalme auf den Markt zu bringen, die toleranter mit Klimafaktoren und Standortbedingungen umgehen können.[11]

Das mag einmal mehr »unnatürlich« klingen und nur eine vorläufige, symptomatische Behandlung des Problems sein, aber die Rechnung ist ernüchternd einfach: Doppelt so hoher Ertrag auf einer Fläche bedeutet halb so viel Invasion in funktionelle Ökosysteme. Und wir suchen hier noch immer nach Übergangslösungen, bis jemand eine bessere Idee hat.

Eine weitere Möglichkeit zur Deeskalation der Lage könnte sich hinter den Begriffen *Land Sparing* und *Land Sharing* verbergen. Während *Sparing* die systematische Kombination aus intensiv genutzten landwirtschaftlichen Flächen und dem Erhalt natürlicher Habitate an anderer Stelle (also eine klare Einteilung in »Das Fleckchen ist besonders gut für ganz viel Gemüse!« und »Dieses Fleckchen sollten wir besonders doll in Ruhe lassen!«) meint, zielt *Sharing* auf eine kleinteiligere Version ab, in der

Pflanzenanbau und Ökosysteme in einer Art Mosaiklandschaft organisiert sind.[12] Genau, ganz ähnlich wie bei den Oasen in unseren Hintergärten und auf den Berliner Dächern aus Kapitel 5.

Wissenschaftliche Daten für ein mögliches *Scale-up* (Aufskalierung dieser Methoden auf eine Produktionsfläche wie die erwähnten zwanzig Millionen Hektar Ölpalmen) sind noch rar, aber erste Studien gibt es schon. Sie zeigen, dass ein Mix aus Landwirtschaft, Agroforst (Mischkultur aus Palmen, Wald und zum Beispiel einjährigem Gemüse) sowie anderen Landschaftselementen wie Tümpeln oder Hecken durchaus einen positiven Effekt auf die Biodiversität haben kann – ohne allzu große Ertragsverluste.[13] Weitere kreative Forschungsprojekte werden nötig sein, um solche Mosaike unter Berücksichtigung von wirtschaftlichen, gesellschaftlichen und ökologischen Zielen zu designen. Dann könnte man diese Ideen den Entscheidungsträger*innen vorlegen und hoffen, dass sie sich in entsprechende Richtlinien und Gesetze umwandeln lassen.

Das führt mich zu einem weiteren wichtigen Aspekt: Ohne entschlossene Umwelt- und Klimapolitik wird sich da nicht viel bewegen. Wir haben als Autofahrende wenig Einfluss darauf, wie viel Prozent Biodiesel (beziehungsweise Palmöl) unserem Sprit beigemischt wird. Außerdem liegt es nicht in unserer Hand, zu bestimmen, aus welchen Ressourcen der Biokraftstoff sonst gewonnen werden soll. Das sind politische Regulierungen, deren Anpassung zur Reduktion des Palmölverbrauchs beitragen kann. Die Europäische Union hat die Gelegenheit beim Schopf gepackt und plant den Rausschmiss der Ölpalme aus dem Treibstoffbusiness bis 2030.[14] Danach sollen Reststoffe aus Maisanbau und Nussschalen für den Biosprit herhalten – ob dafür ausreichende Rohstoffmengen zur Verfügung stehen, ist aber fragwürdig.

Politik kann und muss außerdem dabei helfen, lokale und kleinbäuerliche Strukturen zu stärken, um eben die sozioökonomischen Vorteile aufrechtzuerhalten, die der Palmölanbau dann doch gebracht hat. Kleine und mittelgroße Betriebe mit geschultem Personal und entsprechenden Konzepten zu Anbaupraxis und Umweltschutz können im Einzelfall nachhaltiger sein als die ganz großen Firmen.[15] Nicht zuletzt erfordert es ein transparentes und gut durchdachtes Zertifizierungssystem, damit spätestens wir als Verbrauchende vor dem Supermarktregal eine Idee davon bekommen, unter welchen Bedingungen und nach welchen Nachhaltigkeitskriterien unser Pflanzenprodukt der Wahl bei uns zu Hause ankommt.

Das bekannteste internationale Label zu diesem Thema ist wohl das RSPO-Siegel[16] (vom *Roundtable on Sustainable Palm Oil* vergeben), aber auch *Rainforest Alliance* und die vielfältigen und allseits bekannten Biosiegel sind ein guter Anfang. Keiner dieser Aufkleber ist perfekt, aber immer noch besser als nicht zertifizierte Ware. Die Zertifizierung kann zur Reduktion von Regenwaldabholzung und sozialer Ungerechtigkeit beitragen, aber auch (wenn nicht strikt genug kontrolliert) falsche Versprechungen machen. Ein weiterer Kritikpunkt ist, dass es für kleinere Betriebe oft schwieriger ist, die Anforderungen für so ein Label zu erfüllen, weil es oft schlicht an Geld oder entsprechender Expertise fehlt. Ein Lösungsansatz könnte sein, nicht einen bestimmten Betrieb, sondern die Landschaftsform zu zertifizieren, auf der gewirtschaftet wird – natürlich nur, sofern dabei die Nachhaltigkeitskriterien beachtet werden. So oder so, nachhaltige Produktion (von Palmöl und auch jeder anderen Ressource) kann nicht allein durch Zertifizierung geregelt werden. Siegel sind eine Ergänzung – und kein Ersatz – für handfeste gesetzliche Vorgaben.

Wie sollen wir uns als Freunde und Freundinnen der gepflegten Pflanzenkost also verhalten? Palmöl vermeiden? Oder befeuern wir damit womöglich noch den Trend hin zu mehr alternativen Ölpflanzen, die letztlich viel mehr Fläche verbraten und Habitate zerstören? Na ja, es wäre schon einmal ein Anfang, wenn wir generell weniger hochverarbeitete Lebensmittel und Fertigprodukte kaufen würden und auch mal an die Frischetheke träten.

Und dann hilft es auch hier (wie so oft), einfach etwas bewusster einzukaufen: Was brauche ich tatsächlich für die kommende Woche? Ist es wirklich so schlimm, wenn mal nicht alle drölf Sorten Aufschnitt im Kühlschrank liegen, nur für alle Eventualitäten? Muss ich wirklich sterben, wenn das Brot mal alle ist? Leute, wir sprechen hier nicht von Peanuts: Verlust und Verschwendung passieren bei uns (und auch hier wiederhole ich mich, glaube ich, aber das macht nichts) in einer Größenordnung von zwanzig bis dreißig Prozent – bei manchen Produkten sogar noch deutlich darüber[17]. ZWANZIG BIS DREISSIG PROZENT. Wir könnten also locker ein Viertel unseres Konsums einsparen, ohne dass es uns dabei schlechter ginge – wir hätten ja de facto noch genau dasselbe zur

Verfügung! Nur eben ohne den ungeheuerlichen Wegwerfanteil. BITTE, kauf auch du bedachter ein und schmeiß weniger weg. Kauf keine verderblichen Dinge auf Vorrat ein, nur weil vielleicht jemand vorbeikommt, der danach fragen könnte. Tu es nicht. Pfui.

Jede und jeder von uns kann mit seinen Kaufentscheidungen die Dinge ein klitzekleines bisschen mit verändern. Viele meinen zwar, wir wären zu klein und unbedeutend, um die großen Entwicklungen ernsthaft zu beeinflussen, aber das stimmt nicht. Das ist ein bequemer, konservativer Stammwählergedanke. Ein Schwanzeinziehen vor der eigenen Verantwortung. Ebenfalls pfui. Natürlich hat menschliche Aktivität, die schlussendlich mindestens die Summe unserer individuellen Einzelaktivitäten ist, Auswirkung auf den Lauf der Dinge – auch und gerade auf so überdimensionale Konstrukte wie »die Wirtschaft«, »die Politik« oder »das Klima«. Ich möchte hier gar nicht die Lehre vom Schmetterlingseffekt[18] propagieren (jener Theorie, die besagt, dass all unsere Handlungen zu einem riesigen Dominoeffekt beitragen und am Ende aller Tage unweigerlich zum metaphysischen Global-Kaboom beitragen werden) und auch nicht die Minirolle der oder des Einzelnen mächtiger darstellen, als sie wahrscheinlich ist. Aber hey, viele große Veränderungen in der Geschichte wurden nicht durch die Hände von Einzelnen, sondern durch die Summe vieler individueller Entscheidungen angestoßen. Und mindestens können wir doch Vorbilder sein, oder? Für Heranwachsende, die mit Digitalisierung und Technologie groß werden, ist nicht nur das Interesse für die Herkunft des täglichen Gemüses etwas, das wir mit aufbauen können.

Auch falsche Annahmen, romantisierende Bilder und unwissenschaftliche Pseudoweisheiten, die uns auf dem Weg begegnet sind, sollten wir richtigstellen. Wir können da unseren (in meinem Fall ungeborenen) Kindern eh nichts vormachen, die sich ihre Informationen wohl blitzschnell und nach dem Zwei-Quellen-Prinzip auf ihre Smartwatches ziehen werden. Bis es so weit ist, können wir in der Erziehung allerdings schon gute Vorarbeit leisten und die zukünftigen Gewohnheiten der Generation Alpha positiv beeinflussen. Ihr Verantwortungsbewusstsein in einer globalisierten Welt stärken. Wir leben unseren Nachkommen schließlich vor, nach welchen Kriterien wir konsumieren, wohnen, heizen und in den Urlaub fahren. Da ist es doch in gewisser Weise ein kategorischer Imperativ, dass wir es auch in Sachen Essen und Klima zumindest versuchen.

Alles deutet darauf hin, dass wir es ohne innovative Technologien nicht schaffen werden, in dem erforderlichen Tempo in Richtung Nachhaltigkeit zu galoppieren. Und wir dürfen dabei nicht wieder dem Natürlichkeit gleich Nachhaltigkeit Fehlschluss aufsitzen, den wir im Garten-Kapitel schon entlarvt haben. Zur Erinnerung und Veranschaulichung möchte ich an dieser Stelle ein Zitat meines Kollegen und ökologisch-progressiven Bruders im Geiste, Johannes Kopton, anbringen:

»Es ist doch streng genommen das Natürlichste der Welt, Kohle aus dem Boden auszubuddeln und anzuzünden. Auf der anderen Seite ist es nicht besonders natürlich, irgendwelche Siliziumhalbleiter aufs Dach zu schrauben. Trotzdem wür-

de wohl niemand von uns anzweifeln, dass Solarstrom nachhaltiger ist als Kohlestrom.«[19]

An diesem einfachen Beispiel wird schnell klar, dass Lösungsansätze für aktuelle und zukünftige Probleme oft technischer Natur sind – auch wenn sie uns auf den ersten Blick etwas komisch vorkommen. Und ja, es ist oftmals schöner und irgendwie vertrauter, wenn wir Wege finden können, die mit möglichst wenig Technik auskommen. Trotzdem (oder gerade deswegen) ist es von Vorteil, dass die Menschen von morgen mit einem gewissen Grund-Know-how ins Leben gehen, was technologische Neuheiten angeht. Und das werden sie, so viel ist sicher. Für meine Mutter ist es schon ein Wunderwerk, wenn ich ihr zeige, wie man E-Mails auf dem Handy abrufen kann. Auf der anderen Seite staune ich oft, wenn die Jüngsten in der Familie verschiedene Geräte bedienen oder Fehleranzeigen an TV und Computer schneller schnallen (und beheben), als ich es je könnte. Mit *Fridays for Future* wächst nicht nur eine laute und entschlossene Meute heran, sondern auch Menschen mit einer gewissen Intuition für Naturwissenschaften und Technik. Und für die wissenschaftliche Methodik.

Wir sind allein durch die Klimadebatte und ihre Bewegungen schon derart sozialisiert, auf fundierte Informationen zu verweisen, dass einer vernünftigen Diskussion zum »Wie geht's weiter« eigentlich nichts im Weg stehen dürfte. Leider geht das nicht immer schnell genug, und wir befinden uns bereits in dem für die Klimakrise kritischsten Jahrzehnt,[20] in dem politische Entscheidungen (ohne zu übertreiben) Menschenleben in der Zukunft kosten werden – oder eben retten können. Da stimmt es mich leicht optimistisch, dass zumindest unsere Entscheidungsträgerinnen und Entscheidungsträger von morgen aufgeschlossener sind für alle Werkzeuge von Wissenschaft und Technik, die messbar zur nachhaltigen Entwicklung beitragen können.

Das meine ich übrigens, wenn ich von ökoprogressiv spreche: Was wir brauchen, ist so etwas wie eine Mischung aus moderner Hippiebewegung (inklusive Umweltbewusstsein, langen Haaren, Konsumreduktion und einer kleinen bis mittleren Portion Idealismus) und den faktengestützten Forderungen von *FFF* nach mutigen politischen Entscheidungen vor dem Hintergrund der Erkenntnis, dass unser Planet verbrauchbar ist. Was Ökoprogressivismus aber vor allem bedeutet, ist, dass ein Vorbild für eine nachhaltige Lebensweise nicht in der Vergangenheit zu finden ist.[21] Es können nicht dieselben Regeln für unsere heutige Globalgesellschaft gelten, die vielleicht auf das Leben unserer Großeltern (und eine rund siebzig Prozent kleinere Weltbevölkerung) noch anwendbar waren. Es gibt beim Thema Nachhaltigkeit kein »Früher war alles besser«, weil nun mal früher a) wir weniger Menschen mit weniger *Impact* waren (es wäre mal spannend, den Pro-Kopf-Fußabdruck vor hundert Jahren in einer Art »historischen Lebenszyklusanalyse« zu untersuchen – ich habe dazu leider nichts gefunden) und b) unsere Gesellschaftsstruktur schlicht eine andere war. Wir können nicht einfach so zurück zur guten alten, vermeintlich nachhaltigen Zeit. Nicht nur, weil wir uns diesen Planeten jetzt mit ein paar Milliarden Menschen mehr teilen, sondern auch, weil wir bei genauerer Betrachtung eben doch nicht auf die dazugewonnenen gesellschaftlichen Freiheiten (wie zum Beispiel Ernährungssicherheit oder medizinische Versorgung) verzichten wollen. Stell dir nur mal vor, wie vor zweihundert Jahren Zahnschmerzen behandelt wurden. Noch mal zum Mitschreiben: Es gibt keinen Punkt in der Vergangenheit, an den wir durch das Zurückdrehen bestimmter moderner Entwicklungen zurückkehren könnten. Nur die Weiterentwicklung und Transformation von Gesellschaft, Wirtschaft und Technologie unter den Nachhaltigkeitskriterien, die wir hier und jetzt zusammen erarbeiten und anstreben müssen, bringt uns diesem Ziel näher.

Diese Erkenntnis hat für Ernährung, Landwirtschaft und die pflanzlichen Themen in diesem Buch genauso viel Bedeutung wie für alle anderen Bereiche. Es ist also, anders gesagt, nicht nur die Frage der Ähre, sondern auch eine Frage der Ehre, die wir uns stellen müssen, eine Frage, die du dir ebenfalls hin und wieder mal stellen solltest:

Wie trage ich persönlich zu einer ökologisch verträglichen Lebensweise bei, die die Bedürfnisse aller Menschen zufriedenstellen kann?

Und auch wenn wir uns doch als zu kleine Zahnräder herausstellen sollten, die das große Übersystem nicht verändern können, dann müssen erst recht auch die größeren Zahnräder mit anpacken. Dazu möchte ich ein paar Worte über die so gefürchteten multinationalen Großkonzerne verlieren. Im Bereich Gesundheit und Landwirtschaft sind beispielsweise Bayer, BASF und Syngenta bekannte Konglomerate, die einen Großteil unserer Medikamente und unseres Saatguts herstellen.[22] Das verleiht ihnen eine ziemliche Macht, bedeutet aber auch, dass diese Firmen an einem globalen, überdimensionalen Hebel sitzen, wenn es um Veränderungen geht.

Zunächst einmal sind Konzerne per definitionem (wie andere Unternehmen auch) auf Gewinn aus und nicht auf die selbstlose Rettung der Welt. Im Fall von landwirtschaftlichen Erzeugnissen bedeutet das also, dass sie Erträge vor allem steigern, mindestens aber stabil halten wollen. Nun ist aber auch an den Global Players nicht vorbeigegangen, dass der Klimawandel für die Landwirtschaft genauso ein Problem ist wie die Landwirtschaft fürs Klima. Der Zauberspruch der letzten Jahre ist daher »nachhaltige Intensivierung«[23], also die Ertragssteigerung auf gleichbleibender Fläche trotz widriger, sich stetig verändernder Umwelteinflüsse in Kombination mit gewissen Nachhaltigkeitsbestrebungen (yes, das ist im Prinzip das, was wir eben noch beim Palmöl als Forderung herausgearbeitet haben). Es ist also längst bei den größten Konzernen (mit den längsten Hebeln) angekommen, dass nicht nur der Ertrag zählt, sondern auch die Art und Weise, wie angebaut wird. Und noch mal, die haben ein wirtschaftliches Interesse daran, dass die Erträge stabil bleiben.

Das ist gar nicht mal so schlecht für uns und die Welt, weil ebendiese Firmen sich jetzt gezwungenermaßen mit Nahrungssicherheit auf der einen Seite und umweltpolitischen Forderungen auf der anderen Seite arrangieren müssen. Und sie tun es bereits. Der Fokus vieler Konzerne hat sich sichtbar verschoben[24] – weg von einer reinen Ertragsperspektive und hin zu mehr Schutzmaßnahmen für Biodiversität und Klima. Glaubt's mir, schon jetzt haben sich beinahe alle großen Unternehmen zur Klimaneutralität bekannt, stampfen Arbeitsgruppen aus dem Boden, besetzen Positionen mit schönen Namen wie *Head of Sustainability* und überlegen sich, wie Nachhaltigkeit zum Geschäftsmodell werden kann. Nicht, weil sie cool sein wollen, sondern weil sie erkannt haben, dass es nur so geht! Und so fragwürdig die Beweggründe manchmal auch seien mögen, so kritisch ihre Monopolstellung auf dem Weltmarkt auch zu sehen ist, sie gehen diese Veränderungen mit einem Tempo an, von dem wir bei der politischen Action nur träumen können.

Hier drei Beispiele aus der entsprechenden Abteilung des Chemiekonzerns Bayer:[25] Erstens wurde hundert Millionen Kleinbäuerinnen und Kleinbauern in Entwicklungsländern finanzieller Aufbau zugesagt, um bis 2030 nachhaltigere Anbaupraktiken umzusetzen. Damit einhergehend gibt es eine Art Belohnungssystem, in dem Betriebe Bonuspunkte sammeln können, wenn sie etwa beim Aufforstungsprogramm mitmachen oder sich die Rodung eines Waldstücks sparen (obwohl es auf ihrem Grundstück liegt). Wie gesagt, Nachhaltigkeit als Geschäftsmodell. Zweitens sagte Bayer eine Reduktion der Umweltbelastung durch Pflanzenschutzmittel um dreißig Prozent für denselben Zeitraum zu. Dies soll vor allem durch Senkung der Aufwandmengen und durch die Weiterentwicklung von Technologien passieren, die Pflanzen resistenter und chemische Verfahren präziser und umweltverträglicher machen (quasi wie beim »integrierten Pflanzenschutz«, siehe Kapitel 4). Drittens soll in den hauptsächlichen Absatzregionen von Bayer bis 2030 die Emission von Klimagasen der intensivsten Kulturen ebenfalls um ein Drittel reduziert werden. Auch hierzu wird die Forschung, vor allem die Digitaltechnologie, angekurbelt, um beispielsweise Düngemittel nur noch punktuell und mit möglichst kleinen Maschinen (oder Robotern) auszubringen. Im Bereich der digitalen Landwirtschaft wird noch im laufenden Jahrzehnt der Quantensprung erwartet, der die *Inputs* – also die Summe von all dem, was wir momentan noch in die Landwirtschaft reinstecken müssen – deutlich minimieren wird.

Auch neue Züchtungstechnologien, wie die effiziente Bearbeitung von Resistenzgenen in der Pflanzenzüchtung durch die Genschere CRISPR/Cas9,[26] sind in den Programmen der Konzerne als wichtige Werkzeuge für ein nachhaltigeres Ernährungssystem genannt. Durch schnellere Pflanzenzucht könne nicht nur flexibler auf (über-) regionale Klimaveränderungen reagiert werden, sondern auch bislang ungenutzte, weitgehend vergessene Nischenkulturen würden innerhalb weniger Jahre zur Marktreife gebracht werden. Schon bald könnte es also Roboter geben, die für uns Gemüse anbauen, für das wir heute noch nicht einmal richtige Namen haben.

Klingt alles ein wenig nach *Brave New World*, aber auch ein wenig hoffnungsvoll, oder? Zumindest in meinen Ohren hören sich die Ankündigungen von Bayer und Co. erst mal echt gut an, vor allem auch, *weil* sie von einem großen Konzern kommen. Die global agierenden Unternehmen können vielleicht tatsächlich vorangehen, marktgetriebene Modelle erarbeiten und durch Geldanreize aktiven Klimaschutz initiieren, indem allen innerhalb des Firmenverbunds attraktive Angebote für dessen Umsetzung gemacht werden – und das zeigt bei großen Firmen nun mal am schnellsten die gewünschte Wirkung.

Es bleibt aber ein wichtiges Ziel, auch kleine und mittelständische Unternehmen (KMU) zu stärken, damit der Markt bunt und lebendig bleibt. Biodiversität auch auf dem Markt. Es bleibt äußerst relevant, auch universitäre Forschung zu fördern und zu ermutigen, bei den ganz Großen mitzumischen. Aus verschiedenen Gründen (die ich hier schon genannt habe) ist es sehr erstrebenswert, die unterschiedlichsten Akteure mitsamt ihren Ideen und ihrer ganz speziellen Expertise ins Boot zu holen. Ob für die Züchtung neuer Pflanzensorten, die Entwicklung innovativer ackerbaulicher Ansätze, für biologische Schädlingsbekämpfung, Bodenverbesserung, Steigerung der Ökosystemdienstleistungen, für effizientere Erntetechniken oder den Schutz unserer gesammelten und gelagerten Vorräte: Die Kreativität von Forschenden da draußen kommt uns allen zugute. Egal, ob sie in einem Riesenunternehmen arbeiten, an der Uni oder in einem kleinen Start-up mit Problemlösungen, auf die zuvor schlicht und einfach niemand gekommen ist.

Ja klar, leider wirtschaften kleine und große Firmen nicht »auf Augenhöhe«, und zwar aus vielerlei Gründen, für die ein Pflanzenforscher sicherlich nicht der erste Ansprechpartner ist. Was ich aber zumindest für die Biowissenschaften sagen kann, ist, dass eine geringe Betriebsgröße nicht der Haken ist. Eine kleine Gruppe von engagierten Menschen mit Zukunftsvisionen und verschiedenen Fachdisziplinen hat im Zweifel sogar mehr Heureka-Momente als ein großer Konzern. Es liegt (auch hier: ja klar) natürlich am Kapital. Und da können wir nur hoffen, dass die Politik der 2020er-Jahre nun spätestens mit der Pandemiebekämpfung erkannt hat, dass in der Forschung noch

Luft nach oben ist. Dass echter Innovation noch der ein oder andere administrative Stein im Weg liegt. Ein Hürdenlauf durch die Bürokratie und langwierige sowie teure Zulassungsverfahren, der viele KMUs und Forschungseinrichtungen eher in die Knie zwingt als die Großen, die dafür ein Extrateam bereitstehen haben. Wenn wir weiter kreativ forschen wollen, damit schon bald eine ganze Palette von guten Ideen für die Pflanzenproduktion von morgen auf dem Tisch liegt, muss es auch für die kleineren Fische leichter werden, ihre Ideen zu testen, zu beweisen und zu vermarkten.

Eine erwähnenswerte Superkraft kleinerer Firmen und Familienbetriebe ist übrigens, dass sie im Einzelfall schneller Entscheidungen treffen können, da sie nur für sich selbst entscheiden. Das ist ein kleines, aber wichtiges Detail: Das »nette Unternehmen von nebenan« kann sich ohne Probleme dazu entschließen, weniger Gewinn zu machen und dafür nachhaltiger zu sein – ist ja sein eigenes Geld. Die Geschäftsführung einer großen Aktiengesellschaft mit den verschiedensten Interessen würde sich damit hingegen im Zweifel strafbar machen. Der Hebel der Nachhaltigkeit liegt also genau genommen (abgesehen von den politischen Rahmenbedingungen) bei den Aktionär*innen. Und auf diese bunte Mischung von Schachfiguren (Versicherungen, Sparkassen, Kommunen, Bundesländer …) können wir tatsächlich mit unserem privaten Verhalten ein wenig Einfluss nehmen.

Große Unternehmen können in Sachen Nachhaltigkeit also vorangehen. Ihre Ideen und Versprechen klingen gut, mal sehen, ob und wie sie umgesetzt werden. Allerdings haben sie (auch) ein großes Problem mit der Glaubwürdigkeit. Das Vertrauen in große Unternehmen liegt völlig am Boden, und dazu tragen die Firmen selbst oft bei, sei es durch fehlende Transparenz oder medial wirksame Skandale.

In puncto transparente Forschung wurde von einigen Konzernen bereits ein erster Schritt getan, indem interne Studien zur Wirkstoffsicherheit öffentlich gemacht wurden.[27] Das war lange undenkbar, da die Konkurrenz natürlich möglichst wenig Einblicke in die Prozesse einer Firma haben durfte. Nun transformieren sich die großen Konzerne, schälen sich regelrecht aus ihrer alten Haut der Profitmaximierung und Geheimniskrämerei heraus. Also heißt es auch hier: Tisch freiräumen, Fakten ausbreiten, neu denken.

Na klar, kleine und mittelständische Unternehmen müssen unbedingt zum Mitmischen befähigt werden, Monopolstrukturen sind ungerecht, und es ist ziemlich gruselig, dass eine Handvoll Saatgutfirmen unseren Weltmarkt kontrolliert. Dennoch sind global agierende Akteure in der einmaligen Lage, die Weichen auf Veränderung zu stellen und zum Beispiel innerhalb von nur neun Monaten einen komplett neu entwickelten Impfstoff zu testen und in großen Mengen zu produzieren. Aber wir brauchen die großen Firmen jetzt, um mindestens bei denjenigen Klimaveränderungen Schadensbegrenzung zu betreiben, die auf die Gesundheits- und Ernährungsbranche zurückzuführen sind. Es wird Zeit, dass die großen Fische ihre Versprechen einlösen und handeln. Spidermans Onkel Ben hat den Nagel auf den Kopf getroffen, als er sagte: »Mit großer Kraft kommt große Verantwortung.« – Lasst uns hoffen (und im Zweifel fordern), dass die Industrie die ihrige schnell und entschlossen wahrnimmt.

In der Zwischenzeit können wir weiter unsere kreativen Köpfe zusammenstecken, unseren eigenen Konsum überdenken und neue Ansätze entwickeln. Wenn du eine Forscherin oder ein Forscher wärst (oder falls du nach meinen Ausführungen eine*r werden willst), wo würdest du noch mit anpacken wollen? Steckt nicht zum Beispiel in dem Satz »Eine Handvoll Firmen kontrolliert die Welternährung« ein weiterer, limitierender Faktor, der da heißt: Unsere Welternährung basiert auf nur einer Handvoll Getreide- und Gemüsesorten? Gibt es nicht noch andere, bisher unausgeschöpfte Nahrungsquellen, die auch von kleineren Unternehmen groß gemacht werden könnten? Könnten wir unsere Gewohnheiten nicht über den Haufen werfen und anpassen – an neue und nachhaltigere Produkte, die sich jetzt noch unserer Vorstellungskraft entziehen? Schnallt euch an, liebe Hippies der Neuzeit, wir düsen im letzten Kapitel hoch hinaus und wagen einen Blick in die Zukunft der pflanzenbasierten Produktion.

Exkurs

Nerd-Wissen für die Bushaltestelle

Vogelmiere
Stellaria media

Hier sind einige typische Bordsteingewächse, die man gut erkennen kann. Perfekt zum Kurz-mal-Angeben beim Warten auf den ÖPNV!

Breitwegerich
Plantago major

(gern geschehen)

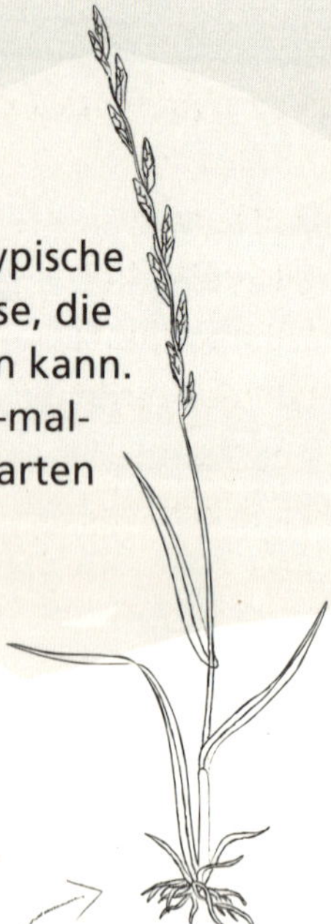

Deutsches Weidelgras
Lolium perenne

KAPITEL 8

Die Zukunft ist bio – logisch

Für die Pflanzen von morgen müssen wir uns heute neu erfinden

Zutaten Quellerpesto
100 g Queller
80 g Mandeln
10 g Hefeflocken
2 EL Zitronensaft
50 ml Pflanzenöl
150 ml Wasser
300 g Kirschtomaten
Pfeffer

Sehr verehrte Mitesserinnen und Mitesser. Es wird Zeit, die Brille der Innovation aufzusetzen. Lasst uns gemeinsam Ideen dafür sammeln, wie eine nachhaltige Landwirtschaft der Zukunft konkret aussehen könnte. Also, Ärmel hochkrempeln und Flipcharts aufklappen (die Jüngeren unter euch lachen mich jetzt bestimmt aus). Na ja, okay. *Let's do this.* Zunächst wäre es doch sehr klug, die Zutatenlisten unserer Lieblingsrezepte durch neue, ungewohnte oder sogar unbekannte Dinge zu erweitern. Denn wie schon angekündigt gibt es da draußen noch unfassbar viele Pflanzenprodukte zu entdecken, für die wir uns erst einmal neue Bezeichnungen ausdenken müssten. Bevor wir auf den Queller zu sprechen kommen, den einige von euch vielleicht sogar schon kennen, schauen wir uns zunächst flott das nächste Diagramm an (Abbildung 9). Es macht nämlich besonders schnell klar, wie unkreativ wir bisher im Umgang mit unserer Speisekarte waren.

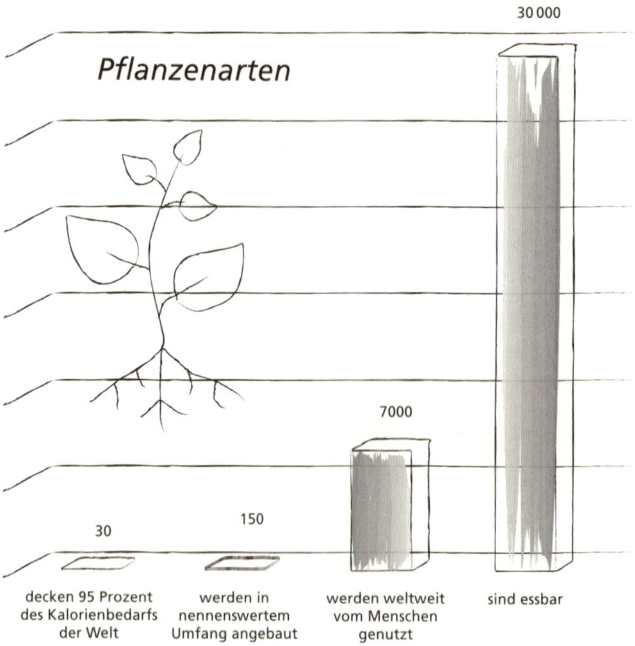

Abbildung 9: Wir kennen nur die Spitze des kulinarischen Eisbergs
Ungefähre Zahlen der essbaren und gegenwärtig für die Ernährung genutzten Pflanzenarten.
(Quelle: Bundesamt für Landwirtschaft und Ernährung)[1]

Von geschätzt weit über 300 000 Pflanzenarten, die es auf unserer Erde gibt, gelten etwa zehn Prozent als essbar – demnach also dreißigtausend. Das ist der rechte große Balken. Tatsächlich werden bisher aber nur um die siebentausend Arten weltweit von und für Menschen genutzt. Von diesen (teilweise exotischen und kleinformatigen) Kulturen sind nur etwa hundertfünfzig landwirtschaftlich relevant, werden also im Feldmaßstab angebaut. Schaut man sich den Anteil an der Welternährung an, so werden 95 Prozent des Bedarfs mit läppischen dreißig Pflanzenarten gedeckt! Allein die *Big Three* Weizen, Reis und Mais decken ziemlich genau die Hälfte des globalen Energiebedarfs in der menschlichen Ernährung.[2] Es gibt also noch so, so viel mehr zu er-schmecken und er-riechen. Und es ist – nach allem, was wir über Pflanzenkrankheiten, Biodiversität und Klimawandel bequatscht haben – wirklich dumm, dass wir unsere Zukunft auf der fragwürdigen Ertragssicherheit einer Handvoll Gewächse aufbauen.

Ackerflächen können und dürfen nicht noch mehr Habitate einnehmen, langweilige Monokulturen sind aus epidemiologischen sowie ökologischen Gründen nicht zukunftsfähig, außerdem wird das Trinkwasser im Zuge der globalen Erwärmung knapp. Wieso um alles in der Welt sollten wir also nicht die natürlichen Ressourcen anzapfen und sehen, was die Pflanzenvielfalt noch so für uns in petto hat?! Es muss doch unter den 30 000 essbaren Pflanzen solche geben, die schon komplett andere Grundvoraussetzungen mitbringen, wie beispielsweise ein Wachstum auf bisher nur schwer nutzbaren Böden oder eine megastarke Trockentoleranz. Oder etwa nicht?

Ja, es gibt sie. Der Europäische Queller (*Salicornia europaea,* auch als Meeresspargel oder Salicorne in der gut sortierten Frischetheke zu finden) ist eines von vielen guten Beispielen. Er ist ein Halophyt[3], eine »Salzpflanze«, und ist dir vielleicht schon bei dem ein oder anderen Strandspaziergang begegnet. Salzpflanzen schaffen es, auf besonders salzhaltigen Böden gut zurechtzukommen, auf denen andere Pflanzen niemals gedeihen könnten. Der Queller verfügt über die geniale Fähigkeit, Meereswasser zu trinken und das überschüssige Salz in seinen dickfleischigen Blättern einzulagern. Andere Halophyten verwenden spezielle Drüsen, um das Salz wieder loszuwerden. Die Superkräfte dieser besonderen Pflanzen sind natürlich schwer von Interesse, wenn wir weniger Trinkwasser verbrauchen oder auf sandigen, unfruchtbaren Böden Gemüse anbauen wollen.[4]

Wer schon mal vom Meeresspargel gekostet hat, weiß, dass er – logischerweise – ziemlich salzig schmeckt. Deshalb wird er für die Zubereitung von Pesto zusammen mit Wasser, Nüssen, Hefeflocken und einem ordentlichen Schuss Pflanzenöl in den Mixbehälter geworfen. Nach dem Pürieren mit Zitronensaft abschmecken, pfeffern und mit Pasta und halbierten Kirschtomaten servieren – lecker! Die Tomaten müssen auch nicht gesalzen werden. Wer mag (und/oder in einer Kochshow punkten will), garniert den Teller noch mit ein oder zwei Zweigen *Salicornia.* Sieht einfach top aus und erweitert schon durch die Optik den Horizont der oder des Bekochten. Und wo wir schon beim kulinarischen Experimentieren sind: Die Hefeflocken dienen in diesem Rezept als nachhaltiger Ersatz für den klassischen, aber auch klimaintensiven Parmesan[5] (je nach Quelle sechs bis neun Kilogramm CO_2-Äquivalente; wenn du das nicht checkst: go back to Kapitel 6). Schmeckt genauso gut. Schwups, da haben wir unbemerkt ein veganes Pesto zubereitet und mindestens die ökologischen Fußabdrücke von Basilikum- und Käseherstellung gespart.

Salzpflanzen können uns also direkt als nachhaltige Erweiterung in der Küche dienen, aber auch bei der Züchtung anderer Pflanzen inspirieren. Forschungsprojekte zur Stresstoleranz in bestimmten extremen Umgebungen gibt es zuhauf. Wir könnten in Zukunft Salat oder Gurke mit ähnlichen Superkräften versehen und sie beispielsweise mit industriellen Abwässern aus Salzbergwerken gießen. Vielleicht wachsen die salztoleranten neuen Pflanzen sogar direkt an einer natürlichen Solequelle, brauchen ansonsten kein frisches Wasser und produzieren so Lebensmittel an einem Standort, der vorher nicht nutzbar war. Und wenn der Chemikaliengehalt des Bodens so hoch ist, dass ein Verzehr eher unklug wäre, dann helfen die Bergbausuperkräfte der Pflanzen wenigstens dabei, den Boden zu entgiften.[6] Nur so eine Idee.

Ähnliche Inspiration können wir uns von vielen Pflanzen holen, die in besonders trockenen Regionen vorkommen. Oder in Gegenden, die regelmäßig überschwemmt werden. Anpassung und Flexibilität sind die gefragten Eigenschaften der Stunde, und wir haben die perfekten Vorbilder direkt vor unserer Nase. Noch extremer und gleichzeitig entspannter (weil unter Wasser) halten es übrigens die Algen. Da gibt es richtig große (Makroalgen, von denen man auch wirklich einen beherzten Biss nehmen kann), die als alternative Proteinquelle der Zukunft nicht zu verachten wären. Davon abgesehen ist eine hypothetische Algenfarm weitgehend unbeeinflusst von den Schwankungen an Land und nimmt genau keine Fläche auf ebendiesem für sich in Anspruch.[7]

Der Verzehr von Algen ist im Übrigen keine neue Idee, die von hippen Food-Blogger*innen erfunden wurde. Die Menschheit mampft schon seit mindestens fünftausend Jahren das Grünzeug aus dem Meer,[8] vielleicht sogar schon viel länger. Heutzutage sind Produkte aus Algen bei uns leider fast nur noch hinter Begriffen wie Alginat, Carrageen oder Agar-Agar im Kleingedruckten zu finden. Anders sieht die Situation in Fernost aus: Rund zehn Millionen Tonnen Algen werden dort jährlich geerntet und landen auch in Viehfutter und Kosmetika – aber vor allem in der unfassbar diversen asiatischen Küche. Hier finden sich gekochte, gebratene, gedämpfte oder eingelegte Algen und Algentee ebenso häufig wie Algensalate und »Algenwraps« wie das japanische Sushi oder das koreanische Gimbap. In Japan machen Algen im Durchschnitt gut ein Fünftel der täglichen Verzehrmenge aus! Währenddessen sind Meeresfrüchte in Europa fast ausschließlich tierischer Natur. Einige wenige Staaten (vor allem Irland, Wales und Island) haben zwar eine lange Tradition von ähnlich abgefahrenen Algenrezepten[9], diese sind aber wirtschaftlich nicht wirklich relevant. Dabei sind Wakame, Nori und Co. tatsächlich – und vielfach wissenschaftlich belegt – supergesunde Erweiterungen unseres Speiseplans. Vor allem der vergleichsweise hohe Gehalt an Mineralstoffen und Vitaminen sowie an den berühmt-berüchtigten Omega-3-Fettsäuren macht Algen zu wertvollen Ergänzungen.[10] Klar, es ist nicht viel dran an so einem

Meersalat (er hat einen »niedrigen quantitativen Nährwert«), dafür ist die Qualität der Mikronährstoffe nicht zu verachten (Gruß an Kapitel 7!) und kann für eine ausgewogene Ernährung nur förderlich sein.

Dazu – ich erwähne es sicherheitshalber noch mal – kommt, dass Algen keine Fläche an Land »verbrauchen«! Man kann sie bequem vor der Küste anbauen oder aber in geschlossenen Räumen mitten in der Großstadt in hübschen Tanks bei optimalen Bedingungen züchten. Jetzt brauchen wir uns nur noch vorzustellen, dass oben aus dem Tank ein paar Salzpflanzen herausragen, die ihre Wurzeln in das Algenwasser strecken, in dem außerdem noch essbare Quallen dahingleiten und ihrerseits Nährstoffe für die Pflanzen ausscheiden … und schon haben wir einen beinahe perfekten, ressourcenschonenden Kreislauf mit dreifacher Ernte. Zumindest in der Theorie. In Wahrheit müsste man wohl zunächst ziemlich viel herumprobieren, damit nicht ein Organismus überhandnimmt oder alles kontaminiert. Aber allein die Vorstellung ist doch toll, oder?

Und kommt mir jetzt nicht mit »Iiih, Quallen und Algen sind eklig und glibbrig«, wenn ihr jeden Morgen französischen Weichkäse mit ordentlichem *Penicillium camemberti*-Bewuchs auf euer Brot schmiert. Es ist alles eine Frage der (kulturellen) Gewohnheit. Und im Falle von bisher kaum genutzten Pflanzenarten und der Co-Kultivierung ebenjener Gewächse mit Wasserorganismen (das Verfahren wird auch Aquaponik[11] genannt) ist noch verdammt viel zu holen. Warum du davon noch nichts gehört hast? Nun, meistens scheiterte es an fehlenden Forschungsgeldern. Wieso sollte die Industrie oder die industrienahe Politik Zeit und Geld in wenig effiziente, kaum bezüchtete Kulturen stecken, wenn es doch mit Mais und Weizen funktioniert?

Der Knackpunkt ist hier einmal mehr der Klimawandel. Wir brauchen schlicht und einfach so bald wie möglich kreative Ansätze für Produktionssysteme der Zukunft, die sich – einmal angestoßen – kreislaufartig selbst erhalten, mit so wenig *Inputs* wie nötig auskommen und deren Abfallstoffe an anderer Stelle neue Verwendung finden. Die Ideen dürfen da ruhig etwas *out of the box* sein. Und die Ideen sind da, Start-ups sowie große Firmen brainstormen fleißig vor sich hin, es ist zu spüren, dass sich langsam etwas bewegt.

Es wird jedoch eine Mammutaufgabe (oder Mammutbaumaufgabe – wir wollen ja Tierprodukte reduzieren), das gesamte Wirtschaftssystem so zu transformieren, dass diese Visionen auch in die Praxis umgesetzt werden. Der ganze Produktionsapparat wird sich neu erfinden müssen, weg vom endlichen Erdöl und hin zu einer auf nachwachsenden Rohstoffen beruhenden Form der Produktion. Im ersten Kapitel habe ich versprochen, die Definition von Bioökonomie nachzureichen. Das war sie.[12]

In einer bioökonomischen Welt könnten uns Nahrungs- und Energiestoffe aus Algen also helfen, weil sie gewissermaßen die »besseren Pflanzen« sind und die Flächenkonkurrenz nicht noch weiter befeuern. Der Ertrag ist ebenfalls besser (je nach Produkt und Berechnungsart ein einstelliges Vielfaches vom Pflanzenhektarertrag), und wir können sie in ökologischen Wüsten oder auf Dächern beernten. Die *Inputs* sind geringer: Algen brauchen zwar auch synthetischen Dünger, aufgrund ihrer Nutzungseffizienz im Flüssigmedium aber viel weniger als die konventionelle Landwirtschaft. Weitergedacht könnten auch Lebensmittelreste gefüttert werden.

Falls doch Rückstände oder irgendwelche komischen Stoffwechselprodukte entstehen, die wir nicht in unserer Umwelt haben wollen, ist das nicht so dramatisch. Wir könnten sie einfach aus dem Algenreaktor herausfiltern und sauber entsorgen, anstatt sie beispielsweise ins Grundwasser versickern zu lassen. Und sogar bei den ganz giftigen Dingen und seltenen Elementen können uns Algen (und, nebenbei, auch Mikroorganismen wie Bakterien und Pilze) kleine Helferlein sein, um diese gezielt aus einer Suppe von Elektroschrott zu extrahieren. Dieses *Biomining* wird das Recycling sehr spezieller Rohstoffe (zum Beispiel von lithiumhaltigen Erzmineralen) in naher Zukunft ziemlich sicher revolutionieren.[13] Wäre doch ganz nett, wenn du nicht mehr bei jedem Kauf eines neuen Smartphones Sorge haben müsstest, dass der einzigartige Salar de Uyuni in Bolivien, die größte Salzpfanne der Erde, für dich umgebaggert wird.

Schritt für Schritt bewegen wir uns in Richtung Nachhaltigkeit und nutzen wissenschaftliche Erkenntnisse, um den Gedanken der (mehr oder weniger) perfekten Kreislaufwirtschaft voranzutreiben. Dabei könnten Algen sogar eines unserer Hauptprobleme in der persönlichen Einhaltung ökologischer Ziele lösen: klimaneutrale Flugreisen! Jep, ganz genau. Ich weiß exakt, wie sich das innere Ringen mit dem eigenen Gewissen anfühlt, wenn man nach einem Jahr flexitarischer Ernährung, penibler Konsumreduktion und konsequenter Drahteselpolitik dann doch resigniert und gesenkten Hauptes in den Urlaubsflieger steigt. *Du brauchtest einfach mal Urlaub im Warmen nach dem ganzen Stress der letzten Wochen und Monate.* Glaub mir, *I feel you.*

Aber auch hier gibt es Hoffnung: Ein Forschungskonsortium mit Beteiligung der Uni, an der ich meine Doktorarbeit schreibe, erprobt derzeit die Machbarkeit von algenbasierten Biokraftstoffen für die Luftfahrt.[14] Je nachdem, was die Pilotstudie ergibt, haben wir dann vielleicht demnächst (nebst klimaneutralem Fleisch aus dem Labor) schon erste Lösungsansätze für ein weiteres großes Klimaproblem – und könnten vielleicht ein wenig entspannter gen Süden jetten. Ein Hoch auf die Wissenschaft! Oder, wie Johannes sagen würde: »Algenkerosinstolz statt Flugscham!« Bis es so weit ist, schaut doch mal, was man über das Gleisnetz[15] so erreichen kann. Ist vielleicht für einige von euch eine denkbare Alternative. (Kurzes PS zum hypothetischen Algenflugzeug: Natürlich wäre nicht viel gewonnen, wenn wir – sollte so eine Technologie wirklich bald für alle verfügbar sein – zu alten Marotten zurückkehrten und ständig für ein Meeting nach New York oder sonst wohin flögen. Bitte reduziere deine vielfältigen Fußabdrücke auch weiterhin, egal wie klimaneutral es wird!)

Dir ist bewusst, dass ich hier absichtlich etwas herumträume, oder? Der Sinn dieses letzten Kapitels ist es schließlich, eigene Denkräume zu erschaffen, sich Ideen aus räumlich (Fernost, Paralleluniversum oder sonst wo) und zeitlich (Zukunft, Vergangenheit oder sonst wann) entfernten Konzepten zu holen und dann gemeinsam zu überlegen, was wir im Hier und Jetzt tun könnten, um langsam auf neu gesteckte Ziele zuzurobben. Wenn du

Bock hast, mach mit und beobachte dich einfach mal im Alltag. Wobei beziehungsweise wofür »verbrauchst« du Dinge? Wo fallen die größten Energieaufwendungen an? In welchen Bereichen kann man vielleicht umdenken? Was durch Neuartiges ersetzen? Beispiel: Morgens geht's bei mir erst mal auf den Pott. Dann meist unter die Dusche (aber auch nicht immer, eher jeden zweiten Tag, und zum Einseifen: Wasser abschalten). Noch immer etwas schlaftrunken, kommen mir hierzu dennoch direkt drei Gedanken, während ich mir die Haare trocken rubble:

1. Wieso, um Himmels willen, spülen wir unsere Toiletten mit bestem Trinkwasser?
2. Könnte man dazu nicht das Duschwasser von gestern oder vorgestern nehmen?
3. Wieso verschwindet das kaum kontaminierte Duschwasser im Abwasserkanal, statt in ein Sammelbecken zur weiteren Verwendung zu fließen?

Solche Fragen lassen sich oft nicht so einfach beantworten, aber allein die Beschäftigung mit ihnen macht Spaß und liefert nicht selten Anreize für Innovation. Im Fall vom Duschwasser als Ressource hatten Forschende und Studis der Technischen Universität Berlin beispielsweise eine gute Idee und errichteten kurzerhand die vertikale Hydroponik-Farm *Shower-Tower 61* im Gleisdreieck-Park unweit des Potsdamer Platzes.[16] Direkt an der Rückwand der Duschkabinen wachsen dort Salat, Kohl, essbare Blüten und Kräuter mithilfe von aufbereitetem Duschwasser, das durch acht senkrechte Pflanzsäulen rieselt. Ein tolles Projekt, das wie viele Vertikalgärten nicht nur toll aussieht, sondern direkt weitere Fragen aufwirft, die von Natur- und Sozialwissenschaften gleichermaßen erforscht werden wollen:

1. Ist das »Duschwassergemüse« für Weiterverarbeitung und Direktverzehr unbedenklich?
2. Eignen sich hydroponische Farmen für die lokale Lebensmittelproduktion in einer Großstadt wie Berlin?
3. Gelingt es, die Bevölkerung dauerhaft einzubinden, sodass die Farmen künftig eigenverantwortlich betrieben werden könnten?
4. Welche Auswirkungen haben solche Ideen auf das städtische Mikroklima?

Und schon ist aus ein paar verschwommenen Gedanken während der morgendlichen Badroutine ein Projektentwurf geworden, der handfeste Fragen rund um Ressourcenknappheit und klimaneutrale Stadtentwicklung ins Zentrum stellt. Probier's mal aus, es macht wirklich Spaß!

Der Gedanke der »essbaren Stadt«, der durch *Vertical Farming* und kleinteilige, kreative Anbausysteme immer mehr Zuspruch in einigen Metropolen findet, hat seinen Ursprung im englischen Todmorden.[17] Hier entstand erstmals 2008 die Idee, ungenutzte Freiflächen in öffentliche Gemüseparzellen umzuwandeln. Viele Städte weltweit folgten diesem Beispiel und entwarfen fleißig Projekte für die Nutzung des urbanen Raums zum Anbau von Lebensmitteln. Da aber in den Megacitys der Wohnraum knapp ist, musste man auch hier etwas Einfallsreichtum an den Tag legen. So wurden in London stillgelegte U-Bahn-Tunnel mit Pflanzregalen und LED-Leuchten ausgestattet,[18] in

Paris ungenutzte Parkhäuser zu Pilzfarmen umfunktioniert,[19] und auf Dächern der deutschen Hauptstadt wurden erste erfolgreiche Ernten aus der Kombination von Gemüseanbau und Fischzucht verzeichnet.[20]

Die kanadische Millionenstadt Toronto entwickelt seit dreißig Jahren kontinuierlich eine Nahrungsmittelstrategie, die von der Ernährungsbildung in Schulen über die Bereitstellung von Flächen bis hin zur engen Zusammenarbeit mit Bürgerinitiativen reicht.[21] Meine Heimatstadt Aachen hat im September 2021 die *Circular Cities*-Deklaration unterzeichnet und sich damit einem europäischen Netzwerk angeschlossen, das die Prinzipien von *cradle-to-cradle* (siehe Kapitel 6) nicht nur für Lebensmittel, sondern auch für andere Bereiche der urbanen Ressourcennutzung anwenden will.[22]

Das wirklich Spannende an all diesen Ansätzen ist ja nicht nur, dass Selbstversorgung tatsächlich einen gewissen Beitrag zum lokalen Angebot leisten kann, sondern dass die Grenzen zwischen Produzent*innen und Konsument*innen verschwimmen. Wir sind dann alle »Prosumenten«, die urbane Bevölkerung bekommt einen Teil der Verantwortung zurück in die eigenen Hände gelegt. Landwirtschaft in der Stadt steigert auf diese Weise womöglich nicht nur die Verfügbarkeit, sondern auch die Wertschätzung für gesunde Lebensmittel, gibt Impulse für die lokale Wirtschaft, stärkt Integration, Inklusion und Gemeinschaftsbildung und hat – ganz nebenbei – auch noch positive Effekte auf Biodiversität und Nachhaltigkeit im urbanen Raum.

Nicht alle Städte können dabei mit gleichem Tempo voranschreiten. Müssen sie auch nicht. Manchmal reicht ein kleiner Artikel im Wochenblatt, wie ich während meines letzten Besuchs bei Muttern feststellen durfte: Im Dorfanzeiger der Gemeinde Raeren waren in einem kleinen Abschnitt zwischen den Sportvereins-News sämtliche Obstbäume aufgelistet, die öffentlich zugänglich sind und »in haushaltsüblichen Mengen beerntet« werden sollten. So waren zum Beispiel an der Sporthalle neben dem Kindergarten zwei Apfelbäume und zwei Pflaumenbäume, am alten Tümpel Esskastanien und Walnüsse verzeichnet. Vielleicht kennst auch du in deinem Heimatort gute Stellen für saisonales Gratisobst.[23] Verbreite die frohe Kunde! Selbstversorgung geht auch ganz ohne eigenen Garten, ohne Balkon, wenigstens zu einem kleinen Teil. Und wer schon mühevoll Brombeeren oder Mirabellen mit vollem Körpereinsatz gesammelt und in einen Kuchen oder einen Smoothie verwandelt hat, ist schon auf den Geschmack von echter Resilienz gekommen.

Was das heißt? Na ja, Resilienz bedeutet im Zusammenhang mit nachhaltiger Entwicklung so etwas wie »Anpassungsfähigkeit«. Die Power von Individuen oder Gemeinden, trotz Klimakrise zu überleben, sich zu verändern und auch angesichts aller Widrigkeiten zu wachsen und zu gedeihen. Es bedeutet, sich in Krisenzeiten etwas einfallen zu lassen, anstatt zu verzagen. Das *Hakuna Matata* unserer Zeit. Und ein resilientes gesellschaftliches System ist natürlich besonders hartgesotten, wenn es neben der Ernährung auch in anderen Bereichen wandlungsfähig ist.

Zu viel Häuser aus Beton sind bedenklich, weil dafür Sand vom Meeresgrund geklaut wird? Kein Problem, dann bauen wir eben mehr Holzhäuser. Aus nachhaltiger Forstwirtschaft ist das eh besser und speichert zudem bis zu siebzig Tonnen CO_2.[24,25]

Möbel und Verpackungen aus Plastik sind unerwünscht, da sie oft in der Umwelt landen und dort Schaden anrichten? Kein Thema, dann nehmen wir Pilzmyzel und Maisreste dafür.[26]

Elektrobusse sind ja schön und gut – aber für flächendeckende E-Mobilität müssen wir noch ziemlich viele Akkus bauen, oder? Stimmt, wir erarbeiten mal schnell nachhaltigere Energiespeicher aus Eierschalen.[27]

Ananas- statt Kuhleder,[28] Textilien aus Traubenschalen,[29] Beton-Bakterien, die Risse im Straßenbelag automatisch reparieren.[30]

Das alles mag nach Science-Fiction klingen, ist aber real und sogar schon recht weit in der Entwicklung fortgeschritten.

Wir leben in einer faszinierenden Zeit, in der sich ungeahnte Möglichkeiten eröffnen, in der wir trotz (oder dank!) Digitalisierung und Automatisierung unfassbar flexibel sein könnten. Manche Lebensbereiche wie Mobilität und Wohnen sind durch die Adaption digitaler Lösungen bereits nicht nur deutlich bequemer, sondern auch nachhaltiger geworden – warum eigentlich die Landnutzung nicht? Ist die Technologie da noch nicht ausgereift? Waren wir da bisher nicht mutig genug, um Veränderungen anzugehen? Oder hat das wieder mit diesem falschen Natürlichkeitsbild zu tun? Pass auf, ich schwinge jetzt mal den Pinsel der Zukunft und male ein paar Extrembeispiele an die imaginäre Wand.

Wie wollen wir in Zukunft leben? Alle in der Stadt? Alle

auf dem Land? Tatsächlich gibt es da im Wesentlichen zwei Modelle, die unterschiedlicher kaum sein könnten.

Beim ersten Konzept leben wir Menschen in fetten Megastädten, die kreisförmig um Atomkraftwerke angeordnet und möglichst hoch gebaut sind (Flächeneffizienz). Direkt in oder am Rand der Stadt zieht sich rundherum ein Ring mit intensiv betriebener Landwirtschaft, der uns zuverlässig mit Nahrung versorgt. Um das Ganze wird eine dicke Mauer gebaut. Unmittelbar jenseits davon beginnt dann die Wildnis, mit gefährlichen Tigern und bombastischer Biodiversität. Ab und zu unternehmen wir vielleicht Ausflüge dorthin, damit wir uns die echte Natur anschauen können. Die ländlichen Räume sind quasi vollständig entvölkert, nur einige wenige Aussteigerinnen und Aussteiger leben dort in ständiger Gefahr.

Der Gegenvorschlag ist das komplette Kontrastprogramm: Landleben für alle! Mensch und Tier leben in selbst organisierten, aber modernen Selbstversorger-Hippie-Kommunen, bauen selbst an und leben in und mit der Natur. Jede und jeder packt mit an. Alles wird gerecht aufgeteilt. Durch die Extensivierung von Permakultur- und Agroforstsystemen ist zwar viel Handarbeit gefragt, doch der Ertrag ist grandios, und außerdem stärkt die gemeinsame Arbeit das soziale Gefüge. Kinder bekommen von klein auf mit, wie eine nachhaltige, aber moderne Gesellschaft mit der Natur koexistieren kann.

Nachdem du jetzt wahrscheinlich zwei recht detaillierte Bilder der beiden Zukunftsmodelle als Wandgemälde vor deinem inneren Auge siehst, muss ich dich gleich enttäuschen: Ich finde beide ziemlich doof. Und ich sage auch gern, wieso. Die beiden kontrastierenden Entwürfe sind spannend, aber wohl nur schwer in naher Zukunft umsetzbar und zudem auch gar nicht erstrebenswert, wenn man sie einmal zu Ende denkt. Während beim Megacity-Modell Kinder aufwachsen, die nie »Natur« sehen und daher womöglich vergessen könnten, was eigentlich warum schützenswert ist, ist beim Kommunenkonzept vor allem die Bereitschaft zur Beteiligung aller anzuzweifeln. Mal davon abgesehen, dass wir gar nicht genug Platz für ein solches Landidyll für jedermensch hätten – hättest du als Gehirnchirurgin oder als Schulleiter nach der Arbeit etwa noch Lust, die Gartenhandschuhe anzuziehen und Landwirtschaft zu betreiben? Falls du jetzt denkst: »Ja«, dann hast du vermutlich eine eher romantische und keine realistische Vorstellung von der Arbeit auf dem Acker.

Vielleicht sind all diese Ideen einfach zu großteilig gedacht. Wir neigen dazu, beim Blick in die Glaskugel universelle Superlösungen zu sehen, die wir über den ganzen Globus stülpen und auf die gesamte Menschheit anwenden wollen. Allzu oft sind wir ziemlich dogmatisch und präsentieren ein Allheilmittel nach dem anderen, das (diesmal aber wirklich!) die großen Probleme des menschlichen Zusammenlebens lösen und alle vorherigen Ideen in den Schatten stellen wird. Wir sehen neue Errungenschaften entweder als Murks oder als Masterplan an. Ziehen wir da nicht wieder die exakt gleichen Fehlschlüsse wie in der Vergangenheit? Sind wir nicht mittlerweile schlauer?

Im 20. Jahrhundert gab es gewissermaßen die Tendenz, alles größer und einheitlicher zu gestalten, gewisse Skalierungen und Lieferketten aufzubauen, die uns die heutige

Lage beschert hat. Wir wollten möglichst viele, gleichförmige Gurken züchten, um sie in genormten Gurkenkisten zu transportieren und dann in genormte Gurkenregale zu schieben. Alles wurde genormt, kategorisiert, in praktikable Schubladen gesteckt. Klar, das alles hatte auch seine Berechtigung. Aber inzwischen sind wir so viel besser darin geworden, mit komplexen Systemen umzugehen. In diesem Fall meine ich noch nicht mal, dass Vielfalt immer toll ist, und schon längst nicht, dass wir alle nackt durch den Regen tanzen und unsere Toleranz gegenüber krummen Gurken lautstark kundtun müssen. Wir haben einfach inzwischen – sorry – die geilste Technik zur Verfügung, die es uns ermöglicht, komplexe Probleme anzugehen, OHNE DASS WIR SIE DAFÜR UNKOMPLEX UND QUADRATISCH MACHEN MÜSSEN.

Der Fortschritt von Wissenschaft und Technologie ist sozusagen unsere Emanzipation von den eher unbeholfenen Anfängen, in denen wir Natur und Ökosysteme weder verstanden noch schlau genutzt haben. Stattdessen haben wir oft alles platt und einheitlich gemacht, weil wir schlichtweg mit der Komplexität des Systems Natur nicht anders umzugehen wussten. Hier eine Analogie aus der Fertigung: In der Vergangenheit haben wir für jegliche Bauteile Gussformen entworfen, um möglichst große Stückzahlen desselben unveränderlichen Dings zu produzieren … heute haben wir dafür 3-D-Drucker. Wir können hier und jetzt ziemlich billig Dinge in einer Stückzahl von 1 herstellen. Es geht gar nicht mehr darum, alles größer, schneller und billiger zu machen! Sondern eher im Gegenteil: Es wird eher intelligenter, kleiner, individueller und personalisierter. Dazu eine weitere Analogie, diesmal aus der Humanmedizin: Breitbandantibiotika, die in alle Richtungen feuern, und Operationen, bei denen der gesamte Körper auf links gedreht werden muss, sind auf dem Rückzug. An ihre Stelle treten die personalisierte Behandlung, die exakt an die Physiologie und Vorgeschichte des Patienten oder der Patientin angepasst wird, sowie der Einsatz minimalinvasiver Techniken mit Robotern und Sensoren, die uns durch zwei winzige Löchlein unterm Arm ein Netz in die Herzkranzgefäße einsetzen können, damit wir keinen Infarkt kriegen. Mehr Technik, ja, aber viel weniger Aufwand. *Work smarter, not harder*. Mehr Hirnschmalz, aber weniger Stress.

Scale-down statt *Scale-up* sollte das Motto sein.

Genauso personalisiert und minimalinvasiv könnte unser Pflanzenanbau sein. Stelle es dir ruhig einmal vor. Bewirtschaftete Felder könnten auch mal nur drei Meter breit sein, weil wir nicht mehr so breit anbauen müssen, wie der breiteste Mähdrescher ist. Und überhaupt: Mähdrescher, was war das noch mal?

Dank der Ideen unserer kreativsten Forschenden lassen sich Biodiversität, Stadt und Anbau vielleicht tatsächlich miteinander verweben. In der Zukunft hätten wir dann eine kleinteiligere Landbewirtschaftung, die nichts mehr mit der schachbrettartigen Landwirtschaft zu tun hat, die wir beim Blick aus dem Fenster des Algenfliegers gesehen haben (Arbeitstitel: *Spot Farming;* kein Hirngespinst, sondern bereits Realität: Seit 2017 ist das Julius-Kühn-Institut an der Sache dran)[31]. Eine neue Form des intelligenten Farmings, die sich mithilfe autonom arbeitender Minimaschinen und hochpräziser, lernfähiger Sensoren um die »Patientin« Pflanze kümmert. Nicht immer, nicht überall, sondern nur dann, wenn es der Einzelpflanze an irgendetwas fehlt.

Moderne Kartierungstechniken könnten zur standortangepassten Fruchtfolge beitragen (»Auf diesen fünf Quadratmetern müssen exakt sieben Zwiebeln und drei Kürbisse gepflanzt werden!«), die Flächen wären optimal und mischkulturspezifisch genutzt, Biodiversitätselemente und durch alle Jahreszeiten blühende Zonen wären automatisch angebaut, um die Bestäubungsleistung zu optimieren. Unser Landschaftsbild würde sich sichtbar verändern, die diversen Kulturen müssten nicht mehr in ungünstigen, linearen Drillsaaten ausgebracht werden, kleine Roboter könnten Gemüse und Beikraut leicht unterscheiden und würden gelegentlich hacken oder düngen, dabei den Boden aber aufgrund ihrer leichten Bauart nicht verdichten und schon gar nicht umpflügen. Permanente Kulturen stünden zwischen Einjährigen, Gemüse zwischen Obstbäumen, Faserpflanzen zwischen Snackpaprika und trockentoleranten Auberginen. Wir hätten Hightech und altes Wissen über Landsorten und geeignete Beetnachbarn kombiniert. Wir hätten die Grenzen der Anbausysteme aufgelöst. Und wer weiß, vielleicht wären wir dank bewusst nachhaltiger Lebensmittelproduktion nicht nur stets ausgewogen ernährt, sondern auch schlicht glücklicher.

Letzten Endes brauchen wir Wissenschaft, um komplexe biologische Zusammenhänge zu verstehen und dann zu schauen, wie wir sie möglichst nachhaltig nutzen können. Falls du dieses Buch in der Hoffnung gekauft hast, nur schöne und romantische Gemüsestorys zu bekommen, *sorry not sorry*. Aber Respekt, dass du es bis hierhin geschafft hast! Ich kann es ja auch nicht ändern. Wir müssen uns einfach mit diesen Dingen beschäftigen. Und zwar so bald wie möglich. Je mehr wir wissen, desto mehr können wir besser machen. Dazu werden wir uns alle ein wenig aus der Komfortzone herausbewegen müssen, ganz egal, wo wir in der Kette der Nahrungsproduktion stehen. Wir werden mehr miteinander reden müssen. Wir werden interdisziplinärer forschen müssen. Und nicht zuletzt werden wir unsere eigenen Gewohnheiten kritisch hinterfragen müssen. Nur so können wir die Superkräfte der Pflanzen für uns nutzen, Gemüse essen, das wirklich klimafreundlich ist – und die Welt ein kleines Stückchen besser machen.

Exkurs

Gardeners of the Galaxy

Im Rahmen des EU-Projekts EDEN ISS wurde in der Antarktis, nahe der Neumayer-Station III, das erste weltalltaugliche Gewächshaussystem erfolgreich getestet.

Salat, Kohl und Tomaten konnten trotz widriger Bedingungen geerntet werden und könnten in Zukunft dabei helfen, die Ernährung in der Raumfahrt zu sichern.

Lasst uns heute das Morgen säen!

Sieh es mir bitte nach, dass hier viele Aspekte aus der Welt der pflanzlichen Superheldinnen etwas zu kurz gekommen sind. Es hätte noch so viel zu den tausendundeins guten Ideen da draußen gesagt werden können, die mit Agroforst, Mulchverfahren oder Pheromonfallen zu tun haben, mit Bionik, sich selbst düngendem Getreide oder elektrischer Unkrautbekämpfung. Zu der wunderbaren Welt des pflanzlichen Mikrobioms. Oder zur Produktion von Wirk- und Rohstoffen in Algen, Pilzen und Bakterien … und was noch so alles bio-logisch ist.

Es gibt noch unzählige Geschichten über die schlummernden Superkräfte der Pflanzen zu erzählen – sei es das nicht ausgeschöpfte Potenzial der Fotosynthese, die Tricks der Trockentoleranz oder die Nutzung völlig neuer Phytochemikalien aus bisher kaum oder gar nicht studierten Heilpflanzen. Dennoch hoffe ich, der Sinn und Zweck dieses Buches ist erfüllt und du hast Blut geleckt. Vielleicht möchtest du jetzt mehr über bestimmte Herstellungsmethoden wissen oder über die Farbentstehung in Blüten. Vielleicht berechnest du schon fleißig die Ökobilanz deiner Lieblingsgerichte oder liest das Kleingedruckte auf dem Etikett deiner neuen Jeans. Vielleicht überlegst du gerade, dich für ein Biologiestudium einzuschreiben (oder weißt jetzt, dass du das niemals machen wirst – auch okay).

In dem Versuch, meine Begeisterung für die krautige Welt da draußen in ihrer facettenreichen Ausprägung in Worte zu fassen, ohne dich dabei mit zu vielen Daten und Fakten zu erschlagen, hoffe ich, dass daraus zumindest Gesprächsstoff entstehen kann. Echte, konstruktive Diskussion mit einer beidseitigen Offenheit für die jeweils andere Sichtweise ist selten geworden (vor allem, wenn es um Landwirtschaft und Pflanzenzucht geht). Dabei kann es richtig Spaß machen, festgefahrene Themen auf der Grundlage wissenschaftlicher Erkenntnisse immer wieder kritisch von links nach rechts (und zurück) zu drehen. Das heißt, mir macht es Spaß. Vielleicht kann man das nicht von allen erwarten.

Das Mindeste wäre aber doch, dass wir wieder lernen, vernünftig zu streiten. Dass wir uns besser informieren und in Debatten sachlich bleiben. Dass wir Desinformation und Fake News zielsicher erkennen und aussortieren können. Wäre es nicht großartig, wenn wir es schafften, dass festgesetzte Dogmen (die wie das Klettenlabkraut *Galium aparine* hartnäckig und unbemerkt an unserem Rücken hängen) abgeschüttelt und infrage gestellt würden? Denn ob du es nun wahrhaben willst oder nicht, das krautige Leben geht uns alle an. Pflanzen sind in unserem Leben ständig und überall mit im Spiel, das lässt sich nicht leugnen. Das ist hoffentlich in den hier oft nur angerissenen Beispielen aus Alltag und Wissenschaftswelt klar geworden. Lass uns zum Schluss noch mal einen kurzen Durchlauf starten und die wichtigsten Punkte zusammenfassen.

Pflanzen und Pflanzenprodukte umgeben uns selbst in den eigenen vier Wänden, ob wir uns für sie interessieren oder nicht. Auf dem Teller, in den Möbeln, in der Ecke des Wohnzimmers zur Dekoration, in unseren Lieblingsbüchern, in unserer Kleidung und, jawoll, vielleicht sogar in dem Strom, der wie selbstverständlich aus der Wand kommt. Die (von mir nun oft genug gepredigte) Beschäftigung mit Zutatenlisten kann schnell dazu führen, dass man von kleinen Fragen zu großen, weltbewegenden Themen kommt. Und es tut sicherlich niemandem weh, wenn dadurch ganz automatisch eine gewisse Wertschätzung für die pflanzlichen Tausendsassas aufkommt. Sie leben schließlich nicht nur mit und für uns, sondern stellen ganz simpel die Grundlage unseres Zusammenlebens auf diesem Planeten dar. Wir alle leben pflanzenbasiert. Selbst die Karnivoren unter euch. Daran führt kein Weg, kein Argument vorbei. Statt eines »Nebeneinanderherlebens« mit unseren grünen Verbündeten auf der Fensterbank täten wir gut an dem gelegentlichen Gedankenspiel, auch mal ihre Sichtweise einzunehmen.

Gelegentlich kann das im Verborgenen stattfindende Leben der Pflanzen ziemlich dramatisch sein. Erbitterte Kämpfe um Nährstoffe und Licht, Pandemien und Naturkatastrophen, aber auch Schusswechsel und Direktnachrichten auf molekularer Ebene sind an der Tagesordnung. Dabei sind die Gewächse ziemlich virtuos, wenn es um Anpassung oder die Entwicklung neuer chemischer Verbindungen geht. Letztere sind nicht selten ziemlich harter Tobak – eine Pflanze kann uns damit umbringen oder von einem Leiden erlösen. Die Nutzung von Heil- und Giftpflanzen ist eine Erfindung des Menschen; die Motivation zur Wirkstoffproduktion aufseiten der Flora ist und bleibt in beiden Fällen dieselbe. Warum noch mal? Genau, weil es auf die Dosis ankommt! Wenn wir ehrlich sind, können wir uns vor der Kreativität, mit der Pflanzen sich und ihre Umwelt steuern (trotz verwurzelter, »sessiler« Lebensweise!), eigentlich nur verbeugen.

Und das tun wir schon seit einigen Tausend Jahren, indem wir auf die Knie gehen, Kulturpflanzen in den Boden bringen und versuchen, ihnen Früchte und Samen abzuringen. Unsere Landbewirtschaftung von heute ist zumindest teilweise ein ganz logisches Resultat des grundmenschlichen Strebens nach Wachstum. Bald schon werden zehn Milliarden von uns auf der Erde sein, und wir wollen nicht nur genug Kalorien für uns alle auf den Tisch bringen, sondern eben auch gut und gesund essen (Stichwort Mikronährstoffe).

Das wird das große Kunststück unserer Generation: Irgendwie müssen wir dieses Wachstum abfedern und zusehen, dass wir die Welt nicht leer saugen. Dafür müssen wir ziemlich viele Praktiken infrage stellen, die uns anfangs diesen Überfluss beschert haben – ganz gleich, ob sie sich »konventionell«, »ökologisch« oder sonst wie schimpfen. Wir müssen endlich aufhören, in Schubladen zu denken. Es ist wichtig, dass wir uns in alle beteiligten Prozesse und Menschen, die den Weg des Gemüses vom Acker bis zum Supermarkt begleiten, hineinversetzen und hören, was sie zu sagen haben (die Menschen, nicht die Prozesse). Sie alle sind Puzzleteile und Stellschrauben für eine nachhaltigere Lebensmittelproduktion, leisten oft schon mehr, als wir denken, und haben sicher noch einige gute Ideen auf

Lager. Es lohnt sich aber auch immer ein Blick in die eigenen Reihen.

Dort erkennen wir dann, dass unser Garten eigentlich ein Privatacker in Miniaturform ist, auf dem wir viel über Landnutzung und über uns selbst lernen können. Je bebauter und versiegelter die Umgebung, desto relevanter werden unsere Entscheidungen, wie wir diese Flächen gestalten. »Natürlich belassen«? Oder doch »nachhaltig nutzen«? Zwei Konzepte, die wir oftmals durcheinanderbringen. Außerdem gilt es anzuerkennen, dass unsere Form des Gärtnerns auf der globalen Bühne der Selbstversorgung schlicht ein Hobby, ja eine Form des Luxus ist. Trotzdem können wir uns einmal mehr als kleine Teile eines größeren Mosaiks sehen – oder eines Landschafts- beziehungsweise Stadtbildes von oben (stellt euch eine klassische Drohnenszene vor). Wir können uns unseren eigenen Mikrokosmos so einrichten, dass er mit einer ökologisch verträglichen Lebensweise kompatibel ist – für uns und für alle anderen, die zeitlich oder räumlich getrennt von uns leben. Es mag anmuten wie ein Tropfen Tauwasser auf dem global erhitzten Stein, aber in Summe können wir kleine Oasen für die lokale Biodiversität anbieten und gleichzeitig unseren Blick (sowie den unserer Nachkommen) für das wertvolle und unterschätzte Gut namens Platz schärfen.

Wo wir schon dabei waren, uns an die eigene Nase zu fassen, wollten wir es dann bei der Ökobilanzierung ganz genau wissen. Von der Wiege bis zur Entsorgung sind es etliche Produktionsschritte, die man bei einer Lebenszyklusanalyse unserer liebsten Zutaten mit einkalkulieren muss. Und am besten wäre es, wenn die Entsorgung reduziert und durch ein gewisses Maß an Kreislaufwirtschaft ersetzt würde. Dann können wir das wahre Potenzial von Recycling, Stoffkreisläufen und ähnlichen Ansätzen mit harten wissenschaftlichen Daten untermauern.

Die Methodik ist schon ganz gut ausgereift, dennoch gibt es bei einigen Parametern noch Nachholbedarf (wie bei Biodiversität, Kohlenstoffspeicherleistung oder Überfischung in aquatischen Systemen). Je weiter wir den evidenzbasierten Werkzeugkasten ausbauen und verbessern, desto eher ermöglicht uns die Nachhaltigkeitsforschung, ganz nüchtern zu vergleichen: Was ist die nachhaltigere Option? Jede und jeder von uns kann es als ganz persönliche Challenge ansehen, alltägliche Produkte diesem Faktencheck zu unterziehen.

Es braucht allerdings keine komplizierte Berechnung, um zu erkennen, dass eine allgemeine Reduktion von Konsum (und Verschwendung) immer den größten Nachhaltigkeitseffekt haben wird. All meine Lobreden auf die Forschung und die Errungenschaften im Bereich des Pflanzenschutzes und der Pflanzenkrankheiten verblassen vor der Erkenntnis, dass die Hälfte unserer Lebensmittel für die Tonne produziert wird. Fangen wir endlich damit an, bewusster und nachhaltiger einzukaufen.

Angeschnitten haben wir auch, dass es neben der ökologischen auch eine ökonomische und eine (schwer zu beziffernde) soziale Form der Nachhaltigkeit gibt. Hier musste am Beispiel der globalen Ölproduktion, die momentan alternativlos einem dramatischen Habitatverlust gegenübersteht, eingeräumt werden, dass wir uns irgendwo verrannt haben. Unser heiß geliebter Biodiesel, die hochgelobte Mandelmilch und viele weitere »grüne« Bestrebungen müssen kritisch hinterfragt werden, obwohl es doch pflanzenbasierte Bestrebungen sind! Der grüne Trend ist eine gute Sache, aber seine Saat wird ohne Wissenschaft nicht aufgehen.

Wie bei Wetteraufzeichnungen zur Analyse der Klimaveränderungen muss auch die Pflanzenproduktion auf globaler Ebene gesehen werden. Daten müssen akribisch gesammelt und verglichen werden, um positive wie negative Effekte herauskitzeln zu können. Die planetaren Grenzen sind trotz allem da: Was bei den fossilen Rohstoffen das massive Verbraten von limitierten natürlichen Vorkommen war, ist bei den nachwachsenden Rohstoffen die Ausweitung auf eine nicht vorhandene Fläche. Und weiterhin bleibt er der größte Treiber von klimaschädlichen Gasen: der Landnutzungswandel. Ob wir den Boden aufreißen, um Kohle und Gas zu fördern, um Straßen zu bauen oder Tunnel zu graben, oder ob wir ihn aufreißen, um Ackerland zu gewinnen – es ist ähnlich fatal.

Es wird immer deutlicher, dass wir viele Bereiche komplett neu denken müssen, damit ein messbar nachhaltiger Schuh daraus werden kann. Vom klimaneutralen Lebensstil bis zur progressiven Agrarwende. Dazu werden wir viele unserer Gewohnheiten über den Haufen werfen müssen.

Zuletzt haben wir die Revolution in der Müslischüssel gewagt und ein wenig herumgesponnen. Es ist sehr wichtig, dass wir ins Gespräch kommen und als »Team Zukunft« entscheiden, wie wir morgen und übermorgen leben und wirtschaften wollen. Der rasante Fortschritt von Wissenschaft und Technik könnte uns Angst machen – oder aber eine einmalige Chance sein, die wir (bedacht) nutzen könnten, um den Kutter in ruhigeres Fahrwasser zu manövrieren. Es ist schon irgendwie ein witziger Zufall (?): Wir haben nur noch etwa zehn Jahre Zeit, um die Schwere der Klimakrise selbst zu bestimmen, und gleichzeitig erst seit Kurzem die technologischen Hilfsmittel, um genau das anpacken zu können. Glück im Unglück? Nur, wenn es dann auch wirklich angegangen wird. Dazu sind nicht nur echte Innovationen nötig, sondern auch eine gesellschaftliche und politische Entschlossenheit, die ich für meinen Teil zumindest noch nicht aufgegeben habe. Ich will sie nicht aufgeben. Glaub mir, du willst das auch nicht, selbst wenn das manchmal der bequemste Weg zu sein scheint.

Lasst es uns nutzen, dass wir genau jetzt hier sind und mitmachen können. Lasst uns eine neue Ökobewegung anstoßen, nur ohne die Ideologie und mit mehr Neugierde für die großen (und winzig kleinen) Zusammenhänge. Wissenschaft im Informationszeitalter ermöglicht uns die Emanzipation von den großtechnischen Hau-drauf-Lösungen der Vergangenheit. Wir können uns dank digitaler Unterstützung von so manchen Fesseln der Vergangenheit befreien. So haben wir mehr Zeit und Power für die Dinge, die wir als Menschen am besten können: komplexe Zusammenhänge verstehen und vor dem Hintergrund der gesellschaftlich beschlossenen Ziele in reale Beschlüsse und Taten umsetzen.

»Was will er uns jetzt mit alldem sagen?« Nun, du wirst es schon mitbekommen haben: Immer mehr Menschen entwickeln ein gewisses Bewusstsein für eine pflanzenbasierte Lebensweise. Manche aus ethischen Gründen, aber viele auch aus Gründen der Nachhaltigkeit. Nachhaltigkeit ist komplex, aber wir sind nicht dumm. Nachhaltigkeit ist ein ehrenwertes Ziel, doch ohne messbare Kriterien eher ein wabernder Blob. Ein schillernder Begriff, den wir noch nicht ganz zu Ende definiert haben, der uns aber insgesamt in eine hoffnungsvolle Richtung navigieren kann.

Lasst uns die Herausforderung annehmen, altes und neues Wissen vereinen, smarte Lösungen suchen, inter- und transdisziplinär arbeiten und möglichst alle Vorbehalte der Vergangenheit und Gegenwart vom Tisch räumen. Lasst uns ausgefeilte Ideen zusammenbringen, die der wunderschönen Komplexität der (Öko-)Systeme gerecht werden. Wenn wir einmal erkennen, dass die Natur noch einige Tricks bereit hält, dass da draußen ungeahnte Vorbilder in natürlichen Mechanismen zu finden sind, dass irgendwie alles bio-logisch ist, dann kann morgen doch kaum früh genug kommen – oder?

Dank

Nachhaltig danke an Natalie.
Natürlich danke an Johannes.
Krautig danke an Caspar, Laura und Hendrik.
Und an die WhatsApp-Gruppe *Bun Intended*.

Danke an Katharina für den Schubser.
Danke an Franca für die Unterweisung.
Danke an meine Familie für die Kritik.

Danke an Linda für einfach alles.
Du bist mein Sorgenvernichtungsmittel.

Anmerkungen

Hier findest du weiterführende Links und Publikationen zu den krautigen Themen. Einige URLs führen zu Onlineshops mit Produkten, die ich dir zeigen wollte. Für die Nennung habe ich keinerlei Zuwendungen erhalten. (Wäre das hier Instagram, würde ich sagen: »unbezahlte Werbung«.)

Kapitel 1: Alles nur in meinem Topf

1 www.transgen.de/datenbank/1986.suesskartoffel.html
2 www.pflanzenforschung.de/de/pflanzenwissen/lexikon-a-z/leguminosen-524
3 www.bundesregierung.de/breg-de/service/publikationen/nationale-biooekonomiestrategie-1759084
4 www.deutschlandfunk.de/allicin-geruchsintensiver-keimkiller.676.de.html?dram:article_id=28356
5 Sana Nafees, Md Zafaryab, Syed H Mehdi, Bushra Zia, Moshahid A Rizvi, Md Asad Khan: »Anti-Cancer Effect of Gingerol in Cancer Prevention and Treatment«, in: Anticancer Agents Med Chem, 2021; 21 (4): 428–432.
6 www.pflanzenforschung.de/de/pflanzenwissen/lexikon-a-z/epiphyt-1032
7 de.wikipedia.org/wiki/Gewürzvanille
8 www.pflanzenforschung.de/de/pflanzenwissen/lexikon-a-z/thigmomorphogenese-1717
9 www.newsshopper.co.uk/news/24445.forget-tree-hugging-try-plant-stroking/
10 www.bfr.bund.de/de/presseinformation/2002/16/estragol__und_methyleugenolgehalte_in_lebensmitteln_verringern-1066.html

Kapitel 2: Pflanzenzähmen leicht gemacht

1 www.zeit.de/2015/09/neolithische-revolution-landwirtschaft-viehzucht-sesshaft

2 www.newscientist.com/article/mg13818773–300-science-animals-and-fungi-closer-than-anyone-expected/

3 www.spektrum.de/lexikon/biologie/fruchtbarer-halbmond/25774

4 progressive-agrarwende.org/zaehmung-der-wilden/

5 www.pflanzenforschung.de/de/pflanzenwissen/journal/punktmutationen-schaffen-nahrungspflanzen-minimale-vera-10462

6 Marie von Wurzelwerk informiert seit Kurzem sehr vorbildlich über die hierzulande kaum thematisierte Botulismus-Gefahr: www.wurzelwerk.net/2020/07/25/botulismus-einmachen/

7 www.deutschlandfunk.de/einkochen-konservieren-ohne-vitaminverlust.697.de.html?dram:article_id=456675

8 www.deutschlandfunk.de/skorbut-die-entdeckung-des-vitamin-c.709.de.html?dram:article_id=313824

9 www.tagesspiegel.de/gesellschaft/panorama/der-tod-aus-der-konservendose/12988.html

10 www.abendblatt.de/hamburg-tipps/kinder/kinder/article121747435/Im-Flugzeug-verboten-Fischgericht-mit-Explosionsgefahr.html

11 www.spektrum.de/lexikon/biologie/mendelsche-regeln/42081

12 www.pflanzen-forschung-ethik.de/verfahren/mutagenese.html

13 www.sueddeutsche.de/wissen/zucht-mit-radioaktiver-strahlung-die-atom-gaertner-1.1270439

14 www.transgen.de/forschung/2537.kreuzen-gentechnik-genome-editing-pflanzenzuechtung.html

15 www.pflanzenforschung.de/de/pflanzenwissen/lexikon-a-z/heterosis-685

16 www.spektrum.de/lexikon/biologie-kompakt/dna-sequenzierung/3184

17 www.transgen.de/forschung/2663.mutationszuechtung.html

18 www.pflanzen-forschung-ethik.de/verfahren/genome-editing.html

19 www.praxis-agrar.de/pflanze/pflanzenbau/pflanzenzucht-zuchtziele/

Kapitel 3: Das Wunder von Beeren

1 www.quarks.de/gesundheit/ernaehrung/bedroht-ein-pilz-die-existenz-unserer-banane/
2 de.wikipedia.org/wiki/Gros_Michel
3 www.spektrum.de/news/eine-welt-ohne-bananen/1344368
4 www.landwirtschaftskammer.de/landwirtschaft/pflanzenschutz/psd/pdf/pflanzenpass.pdf
5 www.plantura.garden/sortenvielfalt/urkohl-wie-wir-die-gene-veraendert-haben
6 biokraftstoffe.fnr.de/service/presse/news-und-presse/aktuelle-nachricht/mit-zuckerrueben-die-biogasproduktion-flexibilisieren-1
7 www.wissenschaft-im-dialog.de/projekte/wieso/artikel/beitrag/warum-muss-man-beim-zwiebeln-schneiden-weinen/
8 Bayan L, Koulivand PH, Gorji A. Garlic: »A review of potential therapeutic effects«, in: Avicenna J Phytomed, 2014; 4 (1): 1–14.
9 Daniel A Dias, Sylvia Urban, Ute Roessner: »A Historical Overview of Natural Products in Drug Discovery«, in: Metabolites, 2021; 2 (2): 303–336.
10 Minchin WC: *A Study in Tubercle Virus, Polymorphism and the Treatment of Tuberculosis and Lupus with Oleum alii,* 3. Aufl., Bailliere, Tindall & Cox, London, 1927, S. 110.
11 Rajesh Singh, James W Lillard, Jr: »Nanoparticle-based targeted drug delivery«, in: Exp Mol Pathol, 2009; 86 (3): 215–223.
12 www.spiegel.de/gesundheit/diagnose/antibiotika-bei-infektion-mit-bakterien-retten-sie-das-leben-a-861640.html
13 progressive-agrarwende.org/breaking-the-resistance-die-zukunft-der-antibiotika/
14 www.br.de/wissen/aspirin-ass-acetylsalicylsaeure-wirkstoff-schmerzmittel-medikament-geschichte-100.html
15 www.who.int/groups/expert-committee-on-selection-and-use-of-essential-medicines/essential-medicines-lists
16 dguv.de/ifa/gestis/gestis-stoffdatenbank/index.jsp
17 chem.nlm.nih.gov/chemidplus/
18 www.oekolandbau.de/landwirtschaft/pflanze/grundlagen-pflanzenbau/pflanzenschutz/pflanzenschutzmittel/kupfer-im-oekolandbau/
19 www.quarks.de/umwelt/landwirtschaft/wie-gefaehrlich-ist-glyphosat/

20 www.aerzteblatt.de/nachrichten/108491/Malaria-Mechanismus-der-Artemisinin-Resistenz-entschluesselt
21 www.spektrum.de/lexikon/biologie/anthraknose/3936
22 www.pflanzenforschung.de/de/pflanzenwissen/lexikon-a-z/callose-1593
23 www.pflanzenforschung.de/de/pflanzenwissen/journal/feindabwehr-mit-sauerstoffradikalen-auf-zwei-wegen-akti-10229
24 www.spektrum.de/lexikon/biologie-kompakt/hypersensitive-reaktion/5798
25 www.rwth-aachen.de/cms/root/Die-RWTH/Aktuell/Pressemitteilungen/Dezember/~lvmsf/Lassen-sich-Nutzpflanzen-impfen-/
26 Peter Jackson (2003): Der Herr der Ringe: Die Rückkehr des Königs [Film]. USA, Neuseeland: New Line Cinema.
27 www.rwth-aachen.de/cms/root/Die-RWTH/Aktuell/Pressemitteilungen/Dezember/~lvmsf/Lassen-sich-Nutzpflanzen-impfen-/
28 Aardra Kachroo, Pradeep Kachroo: »Mobile Signals in Systemic Acquired Resistance«, in: Curr Opin Plant Biol, 2020; 58 (1): 41–47.
29 www.oekolandbau.de/landwirtschaft/pflanze/grundlagen-pflanzenbau/pflanzenschutz/
30 www.bmel.de/DE/themen/landwirtschaft/flaechennutzung-und-bodenmarkt/flaechenverluste-landwirtschaft.html
31 www.topagrar.com/acker/news/uni-goettingen-oekolandbau-schafft-nicht-mehr-biodiversitaet-12644858.html

Kapitel 4: Ein Korn im Feldbett

1 www.bfr.bund.de/de/presseinformation/2018/15/solanin_in_kartoffeln__gruene_und_stark_keimende_knollen_sollten_aussortiert_werden-204263.html
2 www.oekolandbau.de/landwirtschaft/pflanze/grundlagen-pflanzenbau/pflanzenschutz/beikrautregulierung/mechanische-und-thermische-unkrautregulierung/
3 www.oekolandbau.de/landwirtschaft/pflanze/spezieller-pflanzenbau/hackfruechte/kartoffeln/
4 www.pesticideresistance.org/display.php?page=species&arId=141

5 www.bmel.de/DE/themen/landwirtschaft/oekologischer-landbau/eg-oeko-verordnung-folgerecht.html
6 oekologischerlandbau.julius-kuehn.de/index.php?menuid=56
7 www.planet-wissen.de/kultur/westeuropa/geschichte_irlands/pwiediegrossehungersnot100.html
8 de.wikipedia.org/wiki/Große_Hungersnot_in_Irland
9 Ebd.
10 www.bauernzeitung.ch/artikel/pflanzen/kraut-und-knollenfaeule-die-gefuerchtetste-krankheit-im-kartoffelbau-greift-2020-um-sich-357151
11 www.landwirtschaft.de/landwirtschaft-verstehen/wie-arbeiten-foerster-und-pflanzenbauer/die-fruchtfolge-in-der-landwirtschaft
12 de.wikipedia.org/wiki/Gründüngung
13 www.topagrar.com/acker/news/neuartiges-anbausystem-soll-mehr-ertrag-und-biodiversitaet-bringen-12639696.html
14 www.bmel.de/DE/themen/landwirtschaft/klimaschutz/landwirtschaft-und-klimaschutz.html
15 www.nap-pflanzenschutz.de/integrierter-pflanzenschutz/pflanzenschutzmassnahmen/pflanzenschutzmittel
16 papa.julius-kuehn.de/index.php?menuid=43
17 www.nap-pflanzenschutz.de/indikatorenforschung/erfassung-der-realen-pflanzenschutzmittelanwendungen/behandlungsindex/
18 Punkt 6.1.4 des Nationalen Aktionsplanes zur nachhaltigen Anwendung von Pflanzenschutzmitteln (NAP) vom 10. April 2013
19 papa.julius-kuehn.de/index.php?menuid=43
20 Ebd. (siehe Tabelle »Behandlungsindizes in Kartoffeln«)
21 Ebd.
22 www.spiegel.de/wissenschaft/natur/kupfer-warum-bio-winzer-ein-schwermetall-spritzen-a-1161227.html
23 www.topagrar.com/acker/news/bienen-und-bauern-retten-1-mio-unterschriften-fuer-pflanzenschutzmittelverbot-gesammelt-12700611.html
24 www.zeit.de/wirtschaft/2019-11/bauernprotest-berlin-teilnehmer-traktoren
25 www.bmu.de/themen/wasser-ressourcen-abfall/boden-und-altlasten/argumente-gegen-vorwuerfe-zum-agrarpaket-und-weiteren-umweltbezogenen-agrar-themen

26 www.agrarheute.com/pflanze/zuckerrueben/zehn-fakten-neonicotinoiden-452342
27 www.spiegel.de/wirtschaft/service/lebensmittel-verbraucher-kaufen-deutlich-mehr-bio-produkte-a-154881c9-c788–443f-816e-8387927ba961
28 www.bpb.de/gesellschaft/umwelt/dossier-umwelt/61268/welternaehrung

Kapitel 5: Natural Birn' Killers

1 de.wikipedia.org/wiki/Moritz_Schreber
2 www.umweltbundesamt.de/mehltaupilze-im-garten-haeufig-anzutreffen-haeufig#mehltaupilze-erkennen-und-abwehren
3 Dieser frappierende Tomaten-Gold-Preisvergleich stammt nicht von mir, sondern von Meike Winnemuth (GEO 07/2020), der Goldpreis von www.goldpreis.de/
4 www.morgenpost.de/wirtschaft/article228254357/Deutsche-geben-fast-9-Milliarden-Euro-fuer-Blumen-aus.html
5 www.nachhaltigkeit.info/artikel/suffizienz_2034.htm
6 www.kleingarten-bund.de/de/bundesverband/zahlen-und-fakten/
7 www.berlin.de/umweltatlas/nutzung/flaechennutzung/1990/kartenbeschreibung/
8 en.wikipedia.org/wiki/Shark_sanctuary
9 de.wikipedia.org/wiki/Darwinfinken#Evolution_der_Darwinfinken
10 www.umweltbundesamt.de/themen/staedte-begruenen-an-den-klimawandel-anpassen
11 www.mdr.de/nachrichten/deutschland/panorama/hochwasser-dauerregen-thueringen-sachsen-anhalt-nrw-rheinland-pfalz-100.html
12 www.dwd.de/DE/wetter/thema_des_tages/2021/9/16.html
13 www.sueddeutsche.de/meinung/hochwasser-schutz-flaechen-versiegelung-1.5358794
14 progressive-agrarwende.org/oeko-kolonialismus-lasst-afrikanerinnen-selbst-entscheiden/
15 www.pharmawiki.ch/wiki/index.php?wiki=Phytopharmaka
16 Mai Thi Nguyen-Kim: *Die kleinste gemeinsame Wirklichkeit. Wahr, falsch, plausibel? Die größten Streitfragen wissenschaftlich geprüft,* Droemer Knaur, München 2021.

17 www.eea.europa.eu/de/signale/signale-2015/artikel/landwirtschaft-und-klimawandel

Kapitel 6: Walk the Lein

1 unfccc.int/process/transparency-and-reporting/greenhouse-gas-data/greenhouse-gas-data-unfccc/global-warming-potentials
2 Clune S, Crossin E, Verghese K: »Systematic review of greenhouse gas emissions for different fresh food categories«, in: Journal of Cleaner Production, 2017; 140 (2): 766–783.
3 nzzas.nzz.ch/wissen/mandeln-im-kern-super-produktion-hochtechnisiert-ld.153281?reduced=true
4 www.bbc.com/news/science-environment-46654042 oder einfach mal suchen nach »Climate change: Which vegan milk is best?« (BBC)
5 www.iso.org/standard/37456.html
6 en.wikipedia.org/wiki/Life-cycle_assessment#Cradle-to-gate
7 Chaplin-Kramer R, Sim S, Hamel P et al.: »Life cycle assessment needs predictive spatial modelling for biodiversity and ecosystem services«, in: Nat Commun, 2017; 8 (15065).
8 Berechnet auf you.climatepartner.com/de/co2-rechner-flug
9 Berechnet auf co2.myclimate.org/de/car_calculators/new
10 Chaplin-Kramer R, Sim S, Hamel P et al.: »Life cycle assessment needs predictive spatial modelling for biodiversity and ecosystem services«, in: Nat Commun, 2017; 8 (15065).
11 Chaplin-Kramer R, Sim S, Hamel P et al.: »Life cycle assessment needs predictive spatial modelling for biodiversity and ecosystem services«, in: Nat Commun, 2017; 8 (15065).
12 www.landwirtschaft.de/landwirtschaft-verstehen/haetten-sies-gewusst/wie-viel-milch-braucht-man-fuer-ein-paeckchen-butter
13 Viele Informationen in diesem Abschnitt stammen aus Prof. Qaims tollem Vortrag »Welternährung und Fleischkonsum – Ringvorlesung« auf YouTube: www.youtube.com/watch?v=4rxcCbIBynw
14 www.bpb.de/gesellschaft/umwelt/dossier-umwelt/61268/welternaehrung
15 population.un.org/wpp

16 Smetana S, Profeta A, Voigt R, Kirchner C, Heinz V: »Meat substitution in burgers: nutritional scoring, sensorial testing, and Life Cycle Assessment«, in: Future Foods, 2021; 4 (100042).
17 Saget S, Costa M, Styles D, Williams M: »Does Circular Reuse of Chickpea Cooking Water to Produce Vegan Mayonnaise Reduce Environmental Impact Compared with Egg Mayonnaise?«, in: Sustainability, 2021; 13 (4726).
18 cpi-print.de/de/cpi/klimaneutrales-drucken/
19 www.holtzbrinckverlage.de/klimaneutralerverlag
20 utopia.de/ratgeber/ebook-reader-oeko/
21 www.idealwork.de/der-beton-der-zukunft-enthaelt-pflanzenfasern/
22 de.wikipedia.org/wiki/Flächenkonkurrenz
23 de.wikipedia.org/wiki/Gemeiner_Lein#Geschichte
24 www.oekolandbau.de/landwirtschaft/pflanze/spezieller-pflanzenbau/oekologischer-oelleinanbau/
25 www.topagrar.com/acker/news/uni-goettingen-oekolandbau-schafft-nicht-mehr-biodiversitaet-12644858.html
26 www.blauer-engel.de/

Kapitel 7: Eine Frage der Ähre

1 pflanzen.fnr.de/industriepflanzen/oelpflanzen/
2 www.gesundheitsforschung-bmbf.de/de/gutes-fett-schlechtes-fett-8035.php
3 lebensmittel-warenkunde.de/lebensmittel/fette-oele/pflanzliche-fette-oele/palmoel.html
4 Qaim M, Sibhatu KT, Siregar H, Grass I: »Environmental, Economic, and Social Consequences of the Oil Palm Boom«, in: Annu Rev Resource Economics, 2020; 12:321–44.
5 http://www.fao.org/faostat/en/#data/QCL
6 www.theguardian.com/sustainable-business/palm-oil production-social-environmental-impacts
7 Qaim M, Sibhatu KT, Siregar H, Grass I: »Environmental, Economic, and Social Consequences of the Oil Palm Boom«, in: Annu Rev Resource Economics, 2020; 12:321–44.

8 www.bmu.de/service/fragen-und-antworten-faq/faq-alternative-kraftstoffe

9 http://www.fao.org/faostat/en/#data/QCL

10 Corley RHV, Rao V, Palat T, Praiwan T: »Breeding for drought tolerance oil palm«, in: J Oil Palm Research, 2018; 30:26–35.

11 Ebd.

12 Grass I, Loos J, Baensch S, Batáry P, Librán-Embid F et al.: »Land-sharing/-sparing connectivity landscapes for ecosystem services and biodiversity conservation«, in: People Nat, 2019; 1:262–72.

13 Gerard A, Wollni M, Hölscher D, Irawan B, Sundawati L et al.: »Oil-palm yields in diversified plantations: initial results from a biodiversity enrichment experiment in Sumatra, Indonesia«, in: Agriculture, Ecosystems & Environment, 2017; 240:253–60.

14 www.topagrar.com/energie/news/eu-parlament-verbannt-palmoel-aus-biospritproduktion-9379879.html

15 Potter LM: »Alternative pathways for smallholder oil palm in Indonesia«, in: Cramb R, McCarthy JF (Hg.): *The Oil Palm Complex: Small-holders, Agribusiness and the State in Indonesia and Malaysia,* NUS Press, Singapur 2018, S. 155–188.

16 www.rspo.org/

17 www.bmel.de/DE/themen/ernaehrung/lebensmittelverschwendung/studie-lebensmittelabfaelle-deutschland.html

18 www.spektrum.de/lexikon/psychologie/schmetterlingseffekt/13584

19 Ich nenne es liebevoll das »Gleichnis des Johannes« – so formuliert von Johannes Kopton, zum Beispiel in Episode 5 unseres »Krautnah«-Podcasts, siehe krautnah.de/episode-5

20 www.imperial.ac.uk/news/187755/the-next-10-years-critical-dr/

21 oekoprog.org/oeko-progressivismus/

22 www.topagrar.com/markt/news/globaler-agrarhandel-wird-von-wenigen-firmen-kontrolliert-9208281.html

23 www.pflanzenforschung.de/de/pflanzenwissen/lexikon-a-z/nachhaltige-intensivierung-10224

24 www.forbes.com/sites/blakemorgan/2019/08/26/101-companies-committed-to-reducing-their-carbon-footprint/?sh=7ffb92a8260b

25 media.bayer.de/baynews/baynews.nsf/id/Bayer-setzt-sich-fuer-ein-nachhaltigeres-Ernaehrungssystem-ein
26 transkript.de/meinung/klartext/detail/crispr-cas9-neue-debatten-fuer-eine-nachhaltige-landwirtschaft-wagen.html
27 www.cropscience.bayer.com/transparency-crop-science

Kapitel 8: Die Zukunft ist bio – logisch

1 www.ble.de/DE/Themen/Landwirtschaft/Biologische-Vielfalt/Nationales-Fachprogramm-Pflanzen/nationales-fachprogramm-pflanzen_node.html
2 Ebd.
3 www.pflanzenforschung.de/de/pflanzenwissen/lexikon-a-z/halophyten-10086
4 www.uni-potsdam.de/de/nachrichten/detail/2020-04-07-essen-fuer-die-zukunft-warum-algen-und-salzpflanzen-mehr-und-mehr-unseren-speiseplan-bes
5 utopia.de/klimabilanz-lebensmittel-vergleich-188338/
6 progressive-agrarwende.org/phytosanierung/
7 www.food4future.de/en/food4future/scenarios (siehe hier das »No Land Scenario« zur landlosen Lebensmittelproduktion)
8 de.wikipedia.org/wiki/Algen_(Lebensmittel)#Tradition
9 Ebd.
10 www.uni-potsdam.de/de/nachrichten/detail/2020-04-07-essen-fuer-die-zukunft-warum-algen-und-salzpflanzen-mehr-und-mehr-unseren-speiseplan-bes
11 de.wikipedia.org/wiki/Aquaponik
12 biooekonomie.de/themen/was-ist-biooekonomie
13 www.nzz.ch/bakterien-als-minenarbeiter-1.16902917
14 www.umsicht.fraunhofer.de/de/presse-medien/pressemitteilungen/2013/algenbasierter-kraftstoff-luftfahrt.html
15 www.traivelling.com/ – schaut mal hier rein!
16 www.tu.berlin/ueber-die-tu-berlin/profil/pressemitteilungen-nachrichten/2020/august/frisches-gemuese-aus-dem-shower-tower-61/
17 de.wikipedia.org/wiki/Essbare_Stadt
18 urbaneproduktion.ruhr/beispiel/growing-underground/

19 medium.com/fab-city-grand-paris/our-maker-farmers-visit-the-mushroom-urban-farm-in-paris-c653e87c026e
20 http://www.roofwaterfarm.com/
21 www.bzfe.de/nachhaltiger-konsum/staedte-essbar-machen/urbane-lebensmittelerzeugung/
22 aachen.de/DE/stadt_buerger/politik_verwaltung/pressemitteilungen/circular_cities.html
23 Standorte von Obst- und Nussbäumen, Obststräuchern und Kräutern auf öffentlichen Flächen in eurer Umgebung findet ihr auch auf mundraub.org
24 www.wissenschaftsjahr.de/2020–21/aktuelles-aus-der-biooekonomie/aktuelle-meldungen/februar-2020/holzbauten-fuer-den-klimaschutz-in-staedten
25 oekoprog.org/biooekonomie-adventskalender-tuerchen/?entry_id=21
26 www.plastikalternative.de/pflanzliche-plastikalternativen/
27 oekoprog.org/biooekonomie-adventskalender-tuerchen/?entry_id=17
28 www.ananas-anam.com/
29 www.vegeacompany.com/
30 www.basiliskconcrete.com/
31 www.julius-kuehn.de/presse/pressemeldung/news/pi-nr-13-spot-an-fuer-pflanzenbausysteme-der-zukunft-beim-spot-farming-sorgen-mini-roboter-fuer-w/

Abbildungsnachweis

Weitere Angaben zu den Sachillustrationen, sofern nicht unter »Anmerkungen« gelistet.

»Die Festplatte der Menschheit«: Mehr Infos zum Saatgutspeicher gibt es zum Beispiel hier: www.croptrust.org/our-work/svalbard-global-seed-vault/

Abbildung 3: Neben den angegebenen Quellen inspiriert und zusammengestellt von Dr. Hendrik Hanekamp, Landwirtschaftskammer Niedersachsen.

Abbildung 6: Bebaute Fläche Berlins berechnet nach den Angaben auf www.berlin.de/umweltatlas/nutzung/flaechennutzung/
Fläche aller Schrebergärten nach den Angaben auf www.kgv-waldfriede.de/?page_id=1002. Fläche Palaus nach den Angaben auf Wikipedia.

»Spinat als Bombendetektor«: Unter anderem wurde hier über den Bombenspinat berichtet: news.mit.edu/2016/nanobionic-spinach-plants-detect-explosives-1031

Abbildung 9: Neben den angegebenen Quellen inspiriert von Robert Hoffies Blogartikel »Neuen Pflanzen die Manieren beibringen« zum Thema *De-novo*-Domestikation: progressive-agrarwende.org/de-novo-domestikation/

»Gardeners of the Galaxy«: Infos unter eden-iss.net/ oder in unserem Interview mit dem DLR-Forscher Paul Zabel zum Thema Gemüseanbau in der Antarktis (krautnah.de/episode-16).

Alle Illustrationen von Ivonne Schulze: S. 9 nach David Spencer, S. 23 nach shutterstock/Marta Jonina, Morphart Creation, Gringoann, nnattalli, S. 32 Ivonne Schulze, S. 44 nach https://biologyjunction.com/, S. 49 nach stock.adobe.com/hopsalka, S. 55 nach shutterstock/Blackboard, S. 68 nach https://www.researchgate.net/figure/Minchins-specially-designed-inhaler-for-use-with-crushed-garlic-preparations-in-the_fig1_338207309, S. 73 nach https://unece.org/transportdangerous-goods/ghs-pictograms, S. 80 nach stock.adobe.com/pairoj, S. 89 nach shutterstock/Morphart Creation, S. 94 nach Ben Moore/CC BY-SA 3.0, S. 100 nach https://papa.julius-kuehn.de, S. 115 nach https://www.berlin.de/, https://www.kgv-waldfriede.de/, https://de.wikipedia.org/wiki/Palau, S. 126 nach David Spencer, S. 132 nach David Spencer (Datenbasis: https://www.sciencedirect.com/science/article/abs/pii/S0959652616303584), S. 136 nach David Spencer (Datenbasis: https://www.sciencedirect.com/science/article/abs/pii/S0959652616303584), S. 145 nach David Spencer, S. 154 nach David Spencer, S. 172 nach stock.adobe.com/wandapelin gmail com, shutterstock/Jule-Marigold, stock.adobe.com/foxyliam, S. 174 nach David Spencer (Datenbasis: www.ble.de), S. 194 nach picture alliance/dpa/dat

Icons Karotte, Brokkoli, Apfel von Shutterstock.com, Fahmidesign, AVIcon, worldvectors

MAI THI NGUYEN-KIM

KOMISCH, ALLES CHEMISCH!

Handys, Kaffee, Emotionen – wie man mit Chemie wirklich alles erklären kann

Was wir tun, was uns umgibt, was wir fühlen – alles hat mit Chemie zu tun. Daran lässt die Wissenschaftlerin und Journalistin Mai Thi Nguyen-Kim keinen Zweifel. Sie zerlegt vertraute Alltagsphänomene in ihre chemischen Elemente und erklärt witzig und originell, welche chemischen Reaktionen in und um uns herum insgeheim ablaufen. Das Ganze macht nicht nur schlau, sondern vor allem eins: Lust auf Chemie.

DROEMER

PHILIP HÄUSSER

NATÜRLICH ALLES KÜNSTLICH

Was künstliche Intelligenz kann und was (noch) nicht – KI erklärt für alle

Künstliche Intelligenz sortiert die Post, unterstützt Ärztinnen im OP, erkennt unsere Stimme, nimmt Termine entgegen, steuert Autos, malt Kunstwerke und entsperrt unser Smartphone per Gesichtserkennung. Aber was steckt eigentlich hinter der KI? Dr. Philip Häusser liefert eine genauso anschauliche wie leicht verständliche Einführung in die faszinierende Welt der Algorithmen und neuronalen Netze – und erklärt, was die künstliche noch von »echter« Intelligenz unterscheidet: ein hochintelligentes Lesevergnügen für alle, die begeistert in die Zukunft blicken und die Welt von morgen schon heute verstehen wollen.

DROEMER